U0182377

中国味道

香料与调料的博物学

周文翰 ———— 著

清华大学出版社
北京

图书在版编目（CIP）数据

中国味道：香料与调料的博物学 / 周文翰著.— 北京：清华大学出版社，2022.8（2023.11重印）
ISBN 978-7-302-60430-3

Ⅰ. ①中… Ⅱ. ①周… Ⅲ. ①调味品—基本知识 ②饮食—文化—中国 Ⅳ. ①TS264.2
②TS971.202

中国版本图书馆CIP数据核字（2022）第052811号

责任编辑：刘　杨
封面设计：意匠文化·丁奔亮
责任校对：欧　洋
责任印制：宋　林

出版发行：清华大学出版社
　　　　　网　　　址：http://www.tup.com.cn, http://www.wqbook.com
　　　　　地　　　址：北京清华大学学研大厦A座　　　　　邮　　编：100084
　　　　　社 总 机：010-83470000　　　　　邮　　购：010-62786544
　　　　　投稿与读者服务：010-62776969, c-service@tup.tsinghua.edu.cn
　　　　　质量反馈：010-62772015, zhiliang@tup.tsinghua.edu.cn
印 装 者：北京博海升彩色印刷有限公司
经　　销：全国新华书店
开　　本：165mm×235mm　　　印　　张：16.75　　插　页：1　字　数：265千字
版　　次：2022年8月第1版　　　　　　　　　　　　　　印　　次：2023年11月第2次印刷
定　　价：89.00元

产品编号：093722-01

序　言

　　我在印度、缅甸、尼泊尔、泰国、西班牙、意大利等地漫游时，吃各地的饭菜，其中的调料常常引起我的好奇。那时我有大段时间待消磨，常常在旅社附近的小餐馆中久坐，去菜市场中闲逛，观察人们怎样进餐、器具的风格、菜品的搭配、蔬果的品类等细节。这些场景常常勾起我的童年记忆，比如在印度的集市上目睹一堆堆的姜黄、胡卢巴等香料，就想到小时候母亲蒸花卷、烤锅盔时也用到它们，那些馨香的滋味就幽幽地从记忆中漂浮了出来。

　　那时也翻看过一些写香料的英文著作，大多是记叙欧洲人利用香料的历史，教大家如何在烹饪中使用各种调料的，对中国、印度等地的人们如何使用香料以及悠久的香料文化的介绍显得浮皮潦草，就想，自己既然在印度、东南亚、欧洲待了好一阵，不如也写写在东南亚、南亚的见闻，记述人们日常如何使用调料、香料、药物，诸多香料的产地、传播、应用场景怎样演变，尤其是它们在中国是怎样应用和传播的，从全球文化比较和文明传播的角度写一本香料文化史。于是就在咖啡馆、旅舍中抽空写了一些短文，零零散散曾在《人民文学》《北京晚报》等报刊上发表过一些，这次算是一个比较完整的亮相。

　　这本书追溯了大约 50 种调料、香料的历史，从古到今，人们如何在各自的文化中认识、利用它们，以及如何赋予它们文化上的意义，试图从全球文化比较、跨学科的角度看待它们。书中写它们从西到中、从南到北经历了怎样的传播路径，在实用和象征两个层面发生了怎样的演变，如何与政治、经济、文化、科技等影响因素互动，如何在艺术、园林、饮食的图像和文字叙述中被表现，最后变成了现在我所看到的、理解的这番模样。

　　在写作时，我一次次想起为了追溯历史和实物探访过的地方，威尼斯的老教堂，塞维利亚的西印度群岛综合档案馆，果阿的香料集市，白马的胡椒园，以及家附近的早市，那一时那一地的具体经历似乎比文字更触动人心。期望读了这本书的读者也能带着新的知识、视野踏上各自的香料与调料之旅，走进厨房、餐馆、菜市场，感受人间烟火中那一丝若有若无的馨香。

周文翰

2022 年 7 月

目 录

序章

品味的小世界

在印度、泰国、西班牙、意大利等地旅行的时候，我常常被不同的调味品迷惑，许多菜品里都有当地人爱吃的香料，我贸然点餐以后，只好无奈地接受那些奇奇怪怪的味道。我也曾试图拿出手机、字典想把这些香料的名字一一查清楚再吃，点菜时手忙脚乱的样子常常会让餐馆老板、食客侧目。两三次以后我突然意识到这不仅显得可笑，而且也够愚蠢的，菜谱并不会详细列出每道菜用的每一样食材、香料，找侍者问也是平白给人家添麻烦，还不如直接闷头点、放心吃，只管接纳新口味就好。

印度是香料的迷宫，从加尔各答到孟买，每个集市里最显眼的就是众多调料店、调料摊前堆积着的一个个壮观的圆锥形香料堆，红色、黄色、绿色、土色等各种颜色的香料粉末在阳光和尘土中闪烁，让我觉得是一件件神奇的艺术品，本地人却站在前面指指点点，让商贩称量。这些香料搅拌、加工后制成的各种口味浓厚的咖喱菜品，在餐馆中隆重出场，常常让我产生"三思而吃"的感触，印度人在香料方面可谓"重口味"，从个人口味来说，我还是更喜欢南欧人调味的方式：在主菜旁边稍微配一些绿色的香草叶子，或者撒一点干香料就好。

除了在餐桌上品尝它们，我也经常在博物馆的展品、图书馆的书籍中发现它们的身影，发现这些味道各异的调料、香料竟然在人类历史上起过举足轻重的作用。那些含有特殊滋味的植物花叶、树胶、种子、果实让先民感到迷惑、欢愉和沉醉，先民们采集和保存这些神奇的东西献祭给神灵。如中国最早的官方文献集《尚书》、最早的诗歌集《诗经》中都记载，当时的权贵祭祀祖先神灵时会点燃蒿草、动物油脂之类，大概上古民众觉得能发出如此美妙芳香的东西既能带给人精神上的愉悦，也肯定能取悦神灵和死去的祖先。

后来，从取悦神发展到取悦人，人们除了把香料用于祭祀、巫术仪式，也逐渐开发出越来越多的实际用途，比如用于调味、医疗、化妆、熏香、防腐乃至充当毒药、嗜好品，香料在人们的生活中扮演着重要的角色。比如中国对外贸易的"丝绸之路"，无论是陆上路线还是海上路线，外商带来的主要商品就是香料、调料等量轻价昂的物品，换走的则是丝绸、瓷器、茶叶等中国特产。

近代以来，人类的生活方式发生了巨变，有的调料、香料被人类抛弃和遗忘，有的曾经昂贵、小众的成了常见的大众调味品，有的则继续出现在香水、香皂、香精中。文化潮流、经济角力、种植成本、保鲜储存、交通运输、饮食讲究等都对一种香料的兴废产生着重要的影响。

香药：让气味引导灵魂上升

香料从字面上可以说是"香气调味料"，但在文化史中，香料不仅仅用于食物调味，还和宗教祭祀、居室布置、文化风尚等有密切的关系。香料大致可以分成植物性的和动物性的两大类。植物性香料种类繁多，按使用部位可以分为花（郁金香、丁香等）、叶（迷迭香、胡荽等）、果实（茴香、荜拨、胡椒、花椒等）、种仁（肉豆蔻、胡卢巴、芥子、咖啡豆等）、根茎（木香、檀香等）、树脂（芦荟、乳香、没药等）；动物性香料分为动物的性腺分泌物（麝香、灵猫香等）、消化系统分泌物（龙涎香等）、动物脂肪（狮子油等）。它们之所以有味道，是因为含有醇、酚、酮等挥发性化合物，不仅可以单独使用，还能把多种原料混合成层次更加复杂丰富的味道。

最早流行的香料主要用在宗教祭祀方面。两河流域、埃及、犹太、印度、商周等古老部落、王国都曾以带有香味的植物、油脂祭祀神灵。四五千年前的古埃及人将贵族遗体制作成木乃伊时就用到许多香辛料，相信它们在防止尸体腐烂的同时可以帮助死者在另一个世界复活。他们早期使用茴香籽、香薄荷、马芹子等本地香草，后来又加入由东南亚辗转输入的肉桂、丁香。公元前 2000 年，西亚的亚述人最先掌握了用草药制造香脂的原始技术，把香料用于洗浴、熏香等方面。

据底比斯的古埃及神庙石刻文字记录，3500多年前的女法老哈兹赫普撒特（Hatshepsut）曾派船队沿着尼罗河远航，去寻找没药和各种散发芬芳气息的植物，船队从"彭特之地"（英文名Punt，现在的索马里境内的阿尔伯特湖边）带着多种香料作物、动物毛皮和土著人回到了埃及。

制作百合香水 石灰岩雕刻 公元前14世纪 墓地出土 巴黎卢浮宫

在那个时候，各地的权贵、富豪、祭司都希望获得各种香料，商贩也意识到这是一桩有利可图的生意。《旧约》记载，公元前1729年西亚就有了香料的商贸交易。公元前9世纪，希伯来国王所罗门的巨额财富大多源于香料商人交的税。这位国王还和腓尼基盟友海罗勒姆派远征船队到远方采购香料、金子以及印度出产的孔雀。《旧约》记载，2000多年前中东地区流行一种用于祭祀的圣膏油，是用没药、肉桂、菖蒲和橄榄油一起搅拌而成，能散发浓烈的味道。当时的祭司用它涂抹自己或者国王的头、脸以及祭祀器具等，以此取悦神灵或者凸显自己的特殊身份。

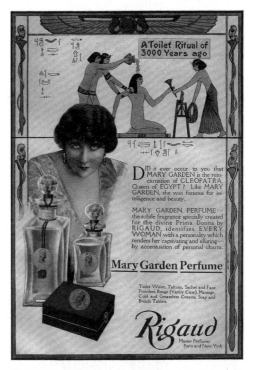

欧美近代香水广告，追溯古埃及人洗浴用香的事迹显示其伟大文化意义 20世纪10年代

公元前9世纪在位的亚述国王纳西帕二世（AshurnasirpalⅡ，公元前884—公元前859）把都城从亚述（Ashur）迁到卡拉赫（Kalhu），不仅把民众、俘虏

迁移到这里，还把许多树木和香料植物如雪松、柏树、没药树、海枣树、黑檀树、橄榄树、罗望子、阿月浑子树等移栽到新王宫的花园中。据公元前 8 世纪在位的亚述国王提格拉—帕拉萨三世（Tiglath-Poleser）时期的泥板记载，他曾打败阿拉伯女王，获取了 5000 蒲式耳香料和 1100 名俘虏、20 000 头牛、30 000 头骆驼作为战利品，可见当时香料被国王、贵族当作最可宝贵的财产之一。

古印度人一样对香料着迷。约 3000 年前的古老诗歌集《梨俱吠陀》歌颂森林女神散发出油膏的芬芳香味，可见这是神灵的标志。古印度贵族最常用的是檀香香膏。祭司把檀香木磨碎，加入油脂制成糊膏，这种香膏只有祭司、国王这样的高贵种姓可以使用。约 2500 年前的印度史诗《摩诃婆罗多》记载，贵族死后，祭司会在他们的遗体上洒上各种香水，涂上纯净的黑檀香膏或洁白的旃檀香膏，然后用黄金制的罐子淋洒恒河的圣水。另一部印度史诗《罗摩衍那》记载，十车王的儿子罗摩身涂香气浓郁、闪着红光的上好旃檀香膏。2000 多年前，印度贵族平常都会在身上涂香膏、抹香油，在首都阿逾陀城中"碰不到不涂香膏不抹香油

维毗沙那（Vibhishana）向罗什曼那（Lakshmana）投降并接受膏油礼　印度史诗《罗摩衍那》细密画插图　1775—1800 年　康奈尔大学琼斯美术馆

的人，碰不到任何一个人不浑身香透"①，当时已经出现了专门的制香工人、熏香工人。

7世纪时，唐代高僧玄奘到天竺取经访学时看到古印度人依旧喜欢在身上涂旃檀、郁金等制成的香膏。如今的印度人依旧比较喜欢洒香水，众多寺庙在举行宗教仪式时总要熏香、洒香，信徒经常给寺庙进献用茉莉花等带有香味的植物编织的花环。

南亚和东南亚盛产香药，这和它们所处的热带雨林型地理环境有关，这里滋生着许多带有香味的热带植物。东南亚、南亚、西亚到地中海的香料贸易早在2600多年前就已经存在了。公元前7世纪左右，印度一些商人就开始远洋进行香料贸易，借季风由印度尼西亚的马鲁古香料群岛将肉豆蔻、丁香运到印度西海岸，然后再船运到波斯湾、巴比伦，犹太商人似乎控制着巴比伦附近地区的香料买卖；另一条贸易线路则从印度沿着阿拉伯海岸航行，穿过红海后经陆路到达埃及的亚历山大城这个香料贸易中心，从这里转卖到希腊和罗马。

东南亚不仅出产昂贵的香料，也盛产黄金，所以罗马人把这些地方遐想成所谓的"黄金半岛"。同一时期的中国，魏晋贵族也对东南亚的香料有所了解，《三国志》提到今天越南一带的日南郡曾给东吴国王进贡"香药"，当地人常拿香料、香花进献神庙，马来半岛上的人"以香花事天神，并有交易香花之市"②。

在欧洲，来自东方的香料和丝绸一样是著名的奢侈品。希腊人、罗马人日常食用大量肉类，在烹饪的过程中加入香料可以去除腥味、丰富口味。相比欧洲本地的调味料，来自亚洲热带、亚热带的胡椒等香料味道更加浓厚，很快就受到贵族的追捧。跨越了千里万里而来的东方香料在当地的价格长期居高不下，既带来了众多商业机会，也引发了政治、经济、文化上的争议。

在古代，埃及人、纳巴泰人、波斯人和阿拉伯人先后充当亚洲和南欧之间香料贸易的中间商，几个世纪中常常风云变幻，发生了众多起起落落的故事。古罗马时期埃及的亚历山大城、纳巴泰人的佩特拉（Petra）都曾因为香料贸易成为繁荣的都市，之后波斯人、阿拉伯人也因为控制了沿着海岸线或者内陆的香料贸易

---

① 季羡林. 罗摩衍那 [M]// 季羡林文集：第17卷. 南昌：江西教育出版社，1996：43-44.
② 陈寿. 三国志 [M]. 裴松之，注. 北京：中华书局，1982：1252.

线路而变得豪富无比。有文学作品记载，825 年阿拉伯阿巴斯王朝的哈里发麦蒙和宰相 18 岁的女儿举行婚礼的时候用 1 支 200 磅重的龙涎香蜡烛照明，把许许多多的麝香丸撒给皇亲国戚和高官显贵，每个麝香丸里都有礼券 1 张，上面写明田地 1 份或者奴隶 1 名。

　　10 世纪前的几个世纪，阿拉伯商人控制着通往欧洲的海上香料贸易路线。他们往来于印度、马来半岛、波斯湾及地中海地区，对于这些地方都有深入了解。9 世纪中叶到 10 世纪初，伊本·胡尔达兹比赫的《道里邦国志》、阿布·赛义德

佩特拉古城遗址

佩特拉古城位于约旦南部一条长约 1.5 公里的狭窄峡谷中，两侧雕凿有洞窟、岩墓等，是一座几乎全在岩石上雕凿而成的城市。公元前 4 世纪—公元 2 世纪是古代纳巴泰人部落的首都，因为是阿拉伯半岛到地中海贸易之路的中转点，公元前 1 世纪时极其繁荣；106 年被罗马帝国攻陷，沦为一个行省；3 世纪起因贸易路线改变，这里开始衰落；7 世纪时已经成了一座废弃的空城。

古代的陆上"丝绸之路"（红线）、海上"丝绸之路"（蓝线）路线示意图

这些路线并不意味着商人们会从最东头一直走到最西头，因为这条路线太漫长且危险，在经济上也未必划算。很多商人们多数都是从事中间贸易，彼此合作，让商品可以源源不断地交换。

等的《中国印度见闻录》等都提到，位于中国与阿拉伯之间的爪哇几个岛上生产香料，其中舍拉黑脱岛（今印度尼西亚苏拉威西岛）产檀香（sandal）、甘松香（sunbul）和丁香（qaranful）；个罗（今马来半岛西边的吉打）是商品的集散地，交易的物产有沉香、龙脑、白檀、象牙、黑檀、苏枋木等各种香料以及其他种种商品；爪哇往东的马鲁古群岛更以盛产各种香料出名，有"香料园之国"的绰号。

中国：用丝绸、瓷器换香料

秦汉以前的中国人也把香料用在宗教祭祀中，如辽西牛河梁红山文化晚期遗址出土了距今 5000 多年的灰陶豆形镂孔熏炉盖。这个重视祭祀的部落已经有点燃香草熏烧的习惯，估计那时人们会搜集有香味的植物，点燃后烟雾上升，以此祭天地鬼神，后世称为"燎祭"。另一种"灌祭"则是抛洒用香料浸泡过的酒祭祀神灵。

汉字的"香""芳"都带"禾"字旁或"艹"字头，说明商周时代人们大都是从本土生长的草本植物中采集有香味的部位作为香料，如《诗经》中出现的蘩、蘋、茅、薁、蒲、艾、萧、兰、椒、蓍、蒿、荽、茝等十多种香料多是如此。《诗经·大雅·生民》提到"取萧祭脂"，意思是把蒿草类的香草"萧"和动物油脂一起点燃让香味上升到天上取悦神灵祖先。贵族普遍有熏香、佩戴香草和用香草给酒调味的习俗，战国时期总结礼仪制度的《王度记》曾对使用什么香草调酒规定了等级："天子以鬯，诸侯以薰，大夫以兰芝，士以萧，庶人以艾。"《大戴礼记·夏小正》和《九歌·云中君》中还记录贵族在浸泡着兰草的香汤中沐浴。《荀子·正论》记载当时讲究的权贵出行时会在车侧面挂着"睪芷"香草用来"养鼻"，以免闻到臭味。

肉桂则在南方格外受重视。楚国人屈原在《九歌·东皇太一》中记载，当时楚人用佩兰、肉桂调酒、装饰车服和祭祀，屈原还开启了文人以兰草比拟道德修为的文化传统。楚国本身出产蕙草、佩兰、木兰树皮、花椒等香料，又因为靠近

博山炉　汉代　公元前206—公元220年　台北"故宫博物院"

出产肉桂的广西桂林等地，可以大量进口肉桂，所以楚国的祭祀中大量使用香料，如屈原在《离骚》中记述敬献神灵时要"蕙肴蒸兮兰藉，奠桂酒兮椒浆"，这里提及了蕙草、佩兰、肉桂和花椒 4 种香料。

秦汉的皇帝和贵族也爱好香烟袅袅的氛围，盛行用香料熏炙衣被、祛邪辟疫。如《汉官仪》记载，皇宫女侍的一项职责就是撑开被服，用香炉熏染上香气。西汉初年王侯使用的主要还是本土香料，如 1972 年湖南长沙发掘的马王堆一号辛追墓中，女主人手握的两个香囊、廊箱中有 4 个香囊以及药绢袋、绣枕中装的是花椒、佩兰、茅香、辛夷、高良姜、生姜、杜衡、蒿本、肉桂等香料。当时贵族使用的香具有香奁、香枕、香囊、熏炉以及为了熏香衣服而特制的熏笼。

中原温带环境下含有香味的多是草本植物，如蒿本、杜衡、佩兰、茅香、蕙草等，能够鲜用也可以干燥后使用，可是味道比较淡薄而且无法持久。而热带地区的各式香辛料通常是木本植物的皮、根、果实、树脂，味道比较持久、浓厚，传入中原后很快就俘虏了贵族们敏感的嗅觉和味觉。

汉武帝是中国香料文化史上的关键人物之一。一方面，他妄图长生不死，受方士影响经常用大量香料祭祀神灵，如他曾经用肉桂装饰"桂宫"，还把从匈奴那里获得的一丈多高的"金人"（后人怀疑是金或铜神佛造像）放置在甘泉宫中"烧香礼拜"[①]；另一方面，他开疆拓土的行为方便了香料的传入。他向西派遣张骞出使西域，向南派兵征服华南、越南半岛，与海外的贸易交流、海外前来朝贡也十分频繁，宫室与贵族的楼阁里开始散发出异国来的龙脑香、乳香（当时称为"熏陆"）等的芬芳。如《史记·货殖列传》提到当时的"番禺"（今广州）交易的商品之一叫"果布"，后世学者考证这是梵语、马来语中龙脑香名称"Kapur"的音译[②]。此外，西域诸国也从印度等地得到热带香料并将之传入中原。

华南地区因为地理优势，方便接触东南亚、南亚的各种热带香料，这类树脂类香料适合用炉身较高的博山炉等专门熏炉置于炭火之上熏烧，可以"掩华终不发，含薰未肯然"[③]，而北方传统的豆形熏炉一般用来直接点燃香草。据统计，广州发掘

① 温翠芳. 中古中国外来香药研究 [M]. 北京：科学出版社，2016：30.
② 王颖竹，马清林，李延祥. 中国古代香料史话：礼仪之邦，香韵流长 [J]. 文明，2014 (3)：66-67.
③ 刘绘. 咏博山炉诗 [M]// 逯钦立. 先秦汉魏晋南北朝诗. 北京：中华书局，1983：1469.

的 400 余座汉墓中已经出土熏炉 112 件，而在洛阳烧沟发掘的 220 余座汉墓中，仅出现熏炉 3 件，可见当时的汉朝首都消费的熏香可能远远落后于华南，可能只有极少数龙脑香、乳香、丁香、苏合香等香料传入中原，只有皇帝和高级权贵才能接触到。那时候的贵族格外重视香料熏染环境衣物、改善身体味道这等奢侈享受的用途，如东汉的皇帝会赏赐丁香给侍从官员，让他们含在口中掩盖口腔的味道。

至于民间人士，即便无法消受昂贵的热带香料，也可以用铜熏香炉焚烧传统的香草过瘾，如汉末魏晋时的《四坐且莫喧》所言：

> 四坐且莫喧，愿听歌一言。
> 请说铜炉器，崔嵬象南山。
> 上枝似松柏，下根据铜盘。
> 雕文各异类，离娄自相联。
> 谁能为此器，公输与鲁班。
> 朱火燃其中，青烟扬其间。
> 顺风入君怀，四坐莫不叹。
> 香风难久居，空令蕙草残。

西晋时期外来香料仍然十分稀少珍奇，如《晋书·贾充传》记载，权臣贾充曾获皇帝赏赐经月不散的奇香，他给了妻女使用，一次贾充无意中闻到僚属韩寿身上有特殊的香味，他便猜出这是自己的小女儿与相貌俊美的韩寿有私情，私下赠给了韩寿佩戴，于是贾充索性就将小女儿嫁给了韩寿。

汉末佛教传入中国后，天竺、西域用香料敬礼佛祖的习俗也随之而来。南北朝时期，佛教成为民间影响最大的宗教，佛教徒用香料供养佛像的行为大大带动了香料消费并成为一种流行文化。

与佛教竞争的道教也颇为重视香料的使用和研究。一些道士尝试用香料、草药、丹石制作药物，用于治病或者帮助世人修炼成仙，比如东晋著名的道士、医药家葛洪曾经前往今天的柬埔寨一带游览，他在《太清金液神丹经》中记载了沿途所见所闻的各种香料药物及其来源："众香杂类，各自有原。木之沉浮，出于日南。都梁青灵，出于典逊。鸡舌芬萝，生于杜薄；幽简茹来，出于无伦。青木天竺，郁金罽宾。苏合安息，薰陆大秦。咸自草木，各自所珍。或华或胶，或心或枝。唯夫甲香螺蚌之伦，生于歌营句稚之渊。蔆蕵月支，硫黄都昆，白附师汉，光鼻加陈，兰艾斯调，幽穆优钱。余各妙气，无及震檀也"①。或许是受东南亚之行的影响，他在所著的《肘后备急方》中大量使用各种香料作为药材，为当时流行的熏衣创制了六味熏衣香方，还提出可以用香料和油脂的混合物来美发。

南朝梁代道士、医生陶弘景《名医别录》记载输入中土的外来香药有青木香、苏合香、沉香、熏陆香、鸡舌香（丁香）、藿香、詹糖香、龙脑香及膏香（即婆律膏），其中多数是从西域传来的西亚、南亚和东南亚香料。南北朝时，权贵阶层中流行以香料熏衣、治病、提神、装饰，如《颜氏家训》记载南朝贵游子弟流行用香料熏衣。

当时有把多种香料配合制作"合香"的潮流，如《西京杂记》追溯说，东汉末期汉成帝曾与爱妃赵合德"杂薰诸香"品闻合香；三国时吴国万震所著《南州异物志》提到焚烧海螺贝壳所得的"甲香"单烧是臭味，但是配合其他香药一起烘烤燃烧却可以让其他香料味道更为浓烈。南朝人范晔写的《和香方》《杂香膏方》，宋明帝的《香方》，来华传教的中印度高僧勒拿摩提翻译的《龙树菩萨和香方》等香方专著中也都有合香的记载。唐代中后期出现了无须借助炭火烘烤就能够独立燃烧的合香香品——印香、香烛。

外来的树脂类和木香类香药味道浓郁，烟味小，比起中国本土的草本类香更适宜于熏燃，所以在唐代檀香、没药、郁金这类用于祭祀、熏香、美化的奢侈品进口量巨大，是"丝绸之路"上最主要的商品之一，而唐朝出口的主要是丝帛制品。唐代国力强盛的时候，西北的陆路和东南的海路畅通，唐人从东南亚、印度、波斯、阿拉伯、罗马以及中亚进口的香药数量大增，种类有 57 种之多，其中来自东南亚、印度的香药数量已经超过了西亚。

唐代皇帝出行时，侍从太监要先用龙脑、郁金熏香过的地毯铺地，首都的文士名流都知道皇帝使用这种名香。唐末五代文人王仁裕记载，曾有民间诈骗者以

---

① 道藏：第 18 册 [M].上海：上海书店，1988：762.另参见：饶宗颐.选堂集林 [M].北京：中华书局，
　1982：517.

龙脑熏衣的举动假扮唐懿宗骗取大安国寺的千匹吴绫。当时权贵人家使用的熏笼数量众多，制作华美，如法门寺出土了皇家赏赐的大量雕金镂银的熏笼。《东宫旧事》记载当时太子纳妃配备的物品包括漆画熏笼、大被熏笼、衣熏笼等不同的用具。当时宫廷妃嫔都有自用的熏笼，所以诗人王昌龄的《长信秋词》才会如此描述幽怨的妃嫔：

> 金井梧桐秋叶黄，珠帘不卷夜来霜。
>
> 熏笼玉枕无颜色，卧听南宫清漏长。

当时市场上已经有了商品化的香料制品，如用在化妆上的润发的香发香油、点染嘴唇的口脂香、润面的"锦里油"、口服的香身丸等。中唐以后还出现了把多种香粉用模子压印成固定的字型或花样的"香篆"或"香印"，点燃后循序燃尽，其中"百刻香"的燃烧进度恰好等于一昼夜的一百个刻度，寺院常将其作为计时器来使用，后来在民间也颇为流行。唐代曾流行的波斯果浆（果子酒）也加入了香料调味，比如"三勒浆"包括庵摩勒、毗梨勒、诃梨勒 3 种波斯果子，可能还加入了香料调制，其他如来自伊朗南部乌弋山离国的龙膏酒就是用到了香料。

除了熏衣、化妆、调味，输入中土的外来香药也是珍奇的药品，如没药调入温酒中用于治疗"金刃伤和坠马伤""堕胎及产后心腹痛"。不过那时的商人喜欢夸大香料的功效，还有意隐瞒和神秘化香料的来源，如苏合香就被胡商说成是狮子屎，龙脑香来自龙的脑子。

汉唐时控制"丝绸之路"上的香料贸易的主要是波斯、粟特人，他们的大商队甚至有上千头骆驼，骆驼载着香料、铜锭、象牙、犀牛角、龟壳这类质轻价昂、载运方便的奢侈品到大唐，交换丝绢等回去。海上贸易在唐宋时代非常发达，广州是香料贸易的一大中心。日本僧人写的《唐大和上东征传》记载，当时广州的珠江口停泊着许多婆罗门（印度）、波斯和昆仑来的船舶，都装载着各种香药珍宝[①]。甚至有海盗靠在海面上抢劫商船成了富豪，当时有个叫冯若芳的海盗会客时

---

① 真人元开.唐大和上东征传 [M].汪向荣，校注.北京：中华书局，2000：74.

常用乳头香当灯烛，一烧就一百多斤，他的宅院里堆积着成山的"苏芳木"①，可见当时广州香料贸易的规模之大。

宋代贵族、文人以在宴会上焚香为礼节②，宋徽宗宴请枢密院长官时侍姬捧炉焚烧的"白笃褥香"据说每两价值高达 20 万钱。当时富贵人家以"香车宝马"为风尚，如陆游《老学庵笔记》记载宋朝宗室贵妇节庆入皇宫叙话时"妇女上犊车皆用二小鬟持香毬在旁，二车中又自持两小香毬，车驰过，香烟如云，数里不绝，尘土皆香"。

文人中流行焚香、制香、赠香、咏香，把玩"金兽""金猊""香鸭"等动物形状的铜熏炉。宋代爱香的名人众多，弟弟苏辙生日时，苏轼送的祝寿礼物就是新合印香、檀香观音。另一名士黄庭坚更是有"香癖"，哲宗元祐元年（1086 年），他在秘书省曾经获得贾天锡所赠"意和香"，为此他自撰小诗十首答谢，同年还曾和苏东坡一起写诗议论制香、燃香和从中得到的体悟等趣事趣闻。即便 60 岁那年被贬官到广西宜州，入住城南一处嘈杂的小屋，可以看见对面屠夫杀牛割肉的小桌，他在此时还不忘"既设卧榻，焚香而坐"。

文人如此关注香料，不仅仅是为了用香味美化居室和熏衣香体，所谓"不徒为熏洁也，五脏惟脾喜香，以养鼻通神观，而去尤疾焉。"陆游也曾在《夏日》诗中说自己：

> 团扇兴来闲弄笔，寒泉漱罢独焚香。
> 太平处处熏风好，不独宫中爱日长。

也有文人研究香料的历史和用法，出现了丁谓的《天香传》、沈立的《香谱》、洪刍的《香谱》、叶廷珪的《南蕃香录》、颜博文的《香史》、陈敬的《新纂香谱》和叶庭珪的《香录》等关于香的专著。市民阶层也开始使用香料，如吴自牧《梦粱录》（卷二十）记载，临安（杭州）嫁娶迎亲时男方送给女方的聘礼中就包括"香球"。

---

① 真人元开 . 唐大和上东征传 [M]. 汪向荣，校注 . 北京：中华书局，2000：68.
② 夏时华 . 宋代香料与贵族生活 [J]. 上饶师范学院学报，2007，27（4）：64.

宋代的香料贸易极为发达，从香料贸易中收取的税收在南宋甚至成为仅次于茶、盐之外的第三大财政收入来源，仅南宋的都城杭州一年消费的进口胡椒就达1500吨之多，远远超过当时欧洲各大城市的用量。根据《宋会要辑稿》的记载，在与宋朝有朝贡关系的32个国家中，香药朝贡这种特殊贸易次数达213次，乳香、龙脑、没药、安息香、青木香、阿魏、荜拨、肉豆蔻、零陵香、丁香、胡椒、甲香、降真香、瓶香、蜜香等都有进口。宋代赵汝适的《诸蕃志》记录了47种外国物产，注明产自西亚与非洲的22种绝大部分是香料。宋代香药进口约占全部海外进口品数量的1/3以上①。

用蒸馏法制作的香水也在五代十国时期从东南亚传入了中原，宋代人撰写的《游宦纪闻》《新五代史》记载，后周世宗显德五年，占城国王遣使进贡猛火油84瓶、蔷薇水15瓶，后者是占城国王从西域得到的。民间流传"蔷薇水"是外国人采集蔷薇花上的露水制成的。北宋末期人蔡绦在《铁围山丛谈》中指出这种说法不对，这种香水是"用白金为甑，采蔷薇花蒸气成水，则屡采屡蒸，积而为香，此所以不败，但异域蔷薇花气馨烈非常，故大食国蔷薇水虽贮琉璃缸中，蜡密封其外，然香犹透彻闻数十步，洒著人衣袂，经十数日不歇也。"苏门答腊岛的三佛齐国、西域的大食国都曾进献蔷薇水给宋代皇帝，辽宋时代的墓葬遗址也出土过专门盛放蔷薇水的伊斯兰风格玻璃瓶。当时人们多使用蔷薇水供佛，也是女子喷洒装点的尤物，南宋官员虞俦得到广东友人寄赠的蔷薇露以后，写了一首《广东漕王侨卿寄蔷薇露因用韵》表达谢意：

> 薰炉斗帐自温温，露抱蔷薇岭外村。
> 气韵更如沉水润，风流不带海岚昏。

宋代兴起将桂花、菊花、梅花、茉莉等与茶混合的"香茶"，后来发展出一种新的熏制香茶，将檀香、麝香、缩砂、龙脑香等放入干茶中密封，使茶熏染其馨香，还出现了芫荽酒、茉莉酒、豆蔻酒、木香酒等香酒。可能是受到印度、中

---

① 张国刚：宋元时代南海香瓷之路 [J]. 南风窗，2015 (22)：102.

亚影响，宋元以后还出现了像咖喱粉一样混合多种香料的"料物"用于调味，类似现在常见的"五香粉"。后来明代更是出现了把多种香料加工调制成饼状、圆丸状、膏状或粉末状的调料包，外出烹饪时随手取用的"大料物法"等。

元代出现了用香料、木屑等混合制成的早期线香，因为体型比较粗，所以有"筋香"之称，明代以"唧筒"将香泥从小孔挤出"成条如线"，这以后"点一

仕女焚香玉饰插屏　金元时期　1368—1644 年　台北"故宫博物院"

炷香"才成为普通人敬拜祖先神灵最常用的香料，至今许多寺庙中还是如此。明清的文人雅士讲究生活情趣，重视焚香的功用，如明人毛元淳在《寻乐编》中说："早晨焚香一炷，清烟飘翻，顿令尘心散去，灵心熏开，书斋中不可无此意味。"

直到明代中期之前，中国在海上贸易中进口的主要还是香料这样的奢侈品，以及象牙、犀角、宝石、珍珠和其他药材，运走的则是中国出产的丝绸、瓷器、

掐丝珐琅凫式香炉　明代　1368—1644年　台北"故宫博物院"

掐丝珐琅五供香炉　清代　18 世纪　台北"故宫博物院"

茶叶及金银首饰等。

由于中国一直有庞大的内陆和人口，对外贸易在中国经济比重中的分量并不是太高，所以香料贸易在中国并没有在欧洲那样重要，皇室和权贵也没有动力开拓海外市场。明朝官府为了垄断香料，禁止民间经营"番香"。明朝实行海禁期间，官方的"朝贡贸易"大为衰落，只存在小规模的海上贸易来进口胡椒、丁香、辣椒、肉豆蔻、小豆蔻、茴香、砂仁等，另外，国内有些地方也开始出产部分香料，有了替代以后，进口量也就进一步减少了。

欧洲：寻找调料时顺便改变世界

来自东方的香料让欧洲人的味蕾兴奋不已，古希腊医学之父希波克拉底（Hippocrates）、哲人亚里士多德（Aristotle）等在公元前 400 年都提到胡椒等香料。各地的香料商人为了将香料说得神乎其神，还编撰出各种古怪的故事，比如古希腊历史学家希罗多德（Herodotus）就记载，当时阿拉伯商人说肉桂的干枝是一种大鸟从未知之处衔到悬崖绝壁上的窝里，人们为了取得肉桂就把大块的带骨牛肉放在附近，这种大鸟飞下来衔走牛肉块，但是它们太重，会把鸟巢压坏，肉桂就掉在了地上，人们便可去捡拾。他们宣称，乳香树上有飞蛇保护，要焚烧苏合香，以烟雾熏走蛇，然后乘机采集香料。唐代的玄奘在印度也听闻了类似的传说。

亚历山大大帝东征让希腊人知晓了陆路的香料贸易路线，他病故后，马其顿帝国分裂，他的部下在埃及建立托勒密王朝，与印度建立了常规的贸易联系并互派使节。公元前 120 年左右，希腊商人欧多西乌斯（Eudoxus）在亚历山大港从一位印度水手那里了解到了航线和季风的知识，之后两次去印度购买香料等奢侈品，可是一回到亚历山大就被托勒密王朝的国王征收了，于是他尝试绕道非洲去印度，可惜此后就没有了音信。

公元前 1 世纪，奥古斯都让罗马变成帝国的同时也掌控了地中海的贸易，一年之内就有多达 120 只商船从罗马控制的埃及红海沿岸港口出发前往非洲、阿拉伯、印度开展贸易，据说后来曾有船只抵达东南亚和中国华南。罗马贵族很快就喜欢上了异域来的各种香料，1世纪的古罗马博物学家老普林尼认为，关于香料采集、来源的种种神奇传说都是香料商人编撰出来掩盖产地、抬高价格的。讽刺诗人佩尔西乌斯（Persius）则在文中谴责"娇气的希腊人"把枣椰和香料从雅典传入罗马，让罗马人失去了阳刚之气。

1—4世纪的古罗马，权贵非常热衷用亚洲传来的各种香料调味、沐浴和治病，普通罗马公民每天早上也向供奉的家庭守护神进奉花环和焚烧香料祭祀。约5世纪时有一本作者托名美食家阿匹西乌斯（Apicius）的食谱《论烹调》记载，罗马帝国后期90%以上的香辛料由东方输入，其中最重要的是胡椒，几乎所有的甜食、咸食都用到它，其他由东方输入的香辛料包括姜、肉桂、豆蔻、丁香、姜黄、甘松等。产自欧洲当地的香辛料，如芫荽、马芹子、俄力冈、月桂、茴香籽、薄荷、葛缕子等也被广泛使用。

古罗马人使用的香水瓶 玻璃 1世纪 纽约大都会博物馆

为了这些好吃、好闻的香料，罗马付出了大量的金钱。老普林尼曾经愤怒地追问："印度、中国和阿拉伯半岛每年少说也从我们帝国转走了好几百万金钱，这笔巨款就是我们的妇女和我们的奢侈生活花费的，我要问你们，现在我们进口的这些货物又有多少去了身临地狱的魔鬼那里了？"[①] 后来成为罗马国教的基督教教士大多也对讲究使用香料、丝绸等奢侈品的巴比伦、罗马权贵表示厌弃，可是他们的言论无法阻止权贵阶层的享乐之心。

7世纪罗马帝国灭亡之后，中世纪初期欧洲各国对香辛料的使用种类、频率都降低了，很多香料几乎退出了人们的生活，少数进口的香料只有国王、贵族和主教才能享用，和珠宝、金银一样成为权贵富豪显示自己品味的标志性物品。直到9世纪，西欧人才再次大量进口香料，11—13世纪十字军东征让欧洲人体会

① 安德鲁·达尔比.危险的味道：香料的历史 [M].李蔚虹，赵凤军，姜竹清，译.天津：百花文艺出版社，2004：199.

到了东方的丰富香料和美食，再次激发了他们对香料、调料的热衷。

当时欧洲的传统医学主要依据希腊人、罗马人提出的体液理论，认为世界万物包括人体都是由热、冷、干、湿4种基本要素结合而成，具体到人身上，表现为血液、黏液、黄胆汁和黑胆汁4种体液，并根据多寡形成人在体质上的血液质、黏液质、胆汁质、忧郁质4种类型。他们认为，决定人健康的是4种体液的平衡，许多香料有利于维护体液的平衡，多数香辛料被认为是热性或干性的物质，可以用来治疗因为冷或湿造成的病症[1]。当然，香料也常被药剂师们当作增强性能力的春药或者配料之一使用，到11世纪，修道士康斯坦丁在受阿拉伯医学影响所著的《论交媾》《爱与交合》两书中，记载的春药药方大多含有生姜、胡椒等香料成分。

香料的另一大作用是在11月屠宰牲口以后和盐一起腌制肉类。香料可以让干硬的肉块炖煮后更为可口，也可以制成各种酱汁给饭菜提味。1248年，在英国1磅肉豆蔻的价格是4先令7便士，与3只羊或半头牛的价格相等，可见它是富豪权贵之家才消费得起的奢侈品。在14世纪后期，地理大发现之前，只有胡椒的价格变得比较便宜，成了一般人家也吃得起的调料，而生姜、番红花、肉桂等价格还是比较高，只有富裕人家才能消费得起[2]。

中世纪时，拜占庭人、犹太人、阿拉伯商人、古吉拉特商人都曾往来于印度、马来半岛、波斯湾及地中海地区，海船、骆驼带着昂贵的香料、贵金属及珍宝往来各地，亚历山大港又成为当时西方世界最繁华的香料贸易中心。

9世纪前后，威尼斯崛起后垄断了地中海地区和拜占庭的贸易，为了与之前占据优势的犹太商人竞争，他们的元老院甚至下令禁止犹太人乘坐威尼斯人的船只出行。当时威尼斯是欧洲最大的香料贸易之城，城内有庞大的香料市场，每天都会交易大量来自东方的胡椒、肉豆蔻、丁香等调料和蔷薇水等奢侈品。13世纪以后的200多年，威尼斯、热那亚等城市是西欧、北欧与亚历山大港、黎凡特港进行香料贸易的主要港口城市，然后人们从这里把香料经过海路运到北欧，或

---

[1] 杰克·特纳. 香料传奇：一部由诱惑衍生的历史 [M]. 周子平，译. 北京：生活·读书·新知三联书店，2007：188-190.

[2] 杰克·特纳. 香料传奇：一部由诱惑衍生的历史 [M]. 周子平，译. 北京：生活·读书·新知三联书店，2007：157-159.

原住民部落采集香料 《马可·波罗游记》插画 马莎琳（Maître de la Mazarine） 1410—1412 年 法国国家数字图书馆

者从阿尔卑斯山口运到法国和德国。威尼斯、热那亚等城邦因此富甲地中海，兴建了如今闻名世界的壮丽建筑，麇集了众多艺术家，造就了辉煌的"文艺复兴"。曾到过印度、中国的圣方济会教士奥多里克（Odoric）和突尼斯旅行家白图泰（Ibn Battuta）都记载说 14 世纪初有些威尼斯人、热那亚人已经到印度、中国做生意和生活[①]。

　　当时的欧洲人十分羡慕远方充满黄金和香料的神秘国度，对那里的风俗人情有许多传言和想象，13 世纪出版的《马可·波罗游记》引起了许多探险家和学者的兴趣，比如哥伦布就曾经在自己保存的《马可·波罗游记》上仔细标注每一处出现金银财宝和香料的段落并点评。香辛料贸易带给威尼斯的财富刺激了西欧的商人、王室和探险家想要在这巨大的利益中分一杯羹的念头，15 世纪末掀起寻找前往东方的新路线的热潮，进而演变成 16 世纪的地理大发现、海上霸权之争和

---

① 杰克·特纳.香料传奇：一部由诱惑衍生的历史 [M].周子平，译.北京：生活·读书·新知三联书店，2007：53.

殖民主义的扩张，奠定了近代世界的面貌。

西班牙国王、贵族和商人资助哥伦布远航探险，他踏上美洲附近的海岛时还以为自己抵达的是盛产香料的印度，可是他在那里并没有发现多少可资交易的香料。1493 年他带着黄金、鹦鹉、"桂皮"（实际并非肉桂而是美洲海岛的某种有味道的树皮）和 6 个"印度人"（实际是加勒比海岛原住民）回到西班牙时曾引起一番轰动，可之后就只能遮遮掩掩为找不到香料而不断托词辩解。1503 年哥伦布给朋友写信感叹："当我发现印度群岛的时候，我说它们是世界上最富庶的领地，

叙利亚人使用的球形香炉 银质
15 世纪 大卫收藏博物馆

我谈及那里的金子、珠宝、钻石以及香料，连同它们的贸易和市场。因为这一切都没有马上出现，我遂成了人们嘲骂的对象。"① 他没有发现欧洲人熟悉的那些香料，但是却带回了辣椒、可可这类未来将会普及到整个世界的美洲物种。

好运在葡萄牙国王这一边，1497年达·伽马（Vasco da Gama）带领4 艘帆船沿着非洲西海岸绕过南非好望角，终于在 1498 年 5 月抵达了印度南部的香料集散地卡利卡特，他们带着胡椒、丁香和肉桂返回里斯本。这些成果吸引了更庞大的葡萄牙舰队和商船陆续出发，他们到印度西海岸购买大量香料回到里斯本，开辟了香料贸易的新图景。事实上，早在达·伽马第一次到达印度之前，已经有希腊、埃及和热那亚的商人来这里进口香料。犹太人、马来商人、阿拉伯商人、中国商人已经和印度人做了上千年的生意了，所谓的"地理大发现"其实是西欧人的观念，这开启了西欧国家的地理大发现和殖民扩张之旅，早期是以国王的武力和金钱为后盾，后期则借助有限责任公司等现代经济组织形式和蒸汽机船等新兴技术，将贸易的规模、频率成倍放大。

---

① 杰克·特纳. 香料传奇：一部由诱惑衍生的历史 [M]. 周子平，译. 北京：生活·读书·新知三联书店，2007：3.

达·伽马觐见卡里卡特君主　油画　何塞·维洛佐·萨尔加多（Jose Veloso Salgado）
1898 年　里斯本地理学会

　　为了垄断香料贸易，1500 年由彼得罗·阿尔瓦里斯·卡伯拉尔带领 13 艘帆船和 1000 多名船员组成的第二个葡萄牙使团出发，抵达印度后，他们要求卡利卡特的君主驱逐那里的穆斯林商人，这个要求被拒绝之后，卡伯拉尔用大炮轰击城池，吓得君主抱头鼠窜，葡萄牙人又在附近海域击溃了阿拉伯船队，还曾在一次战斗中将俘虏的阿拉伯船上几百名乘客全部烧死。葡萄牙人用武力把阿拉伯人挤出了香料贸易，1509 年他们到达了马六甲海峡，并在两年后控制了马六甲，并和出产香料的岛国君主建立了合作关系，带着肉豆蔻、丁香返回了里斯本。之后，他们又控制锡兰并建立了科伦坡要塞，成为亚洲香料贸易的垄断者，里斯本则成为欧洲的香料贸易中心。1515 年的时候，威尼斯人也不得不到里斯本采购香料。

　　葡萄牙对东方香料贸易的控制不算完全成功，许多香料仍然通过走私的方式

印度南部马拉巴海岸卡利卡特城全景　乔治·劳恩、佛朗斯·霍根贝尔格（Georg Braun and Franz Hogenbergs）1572 年

　　长途远航的达·伽马船队抵达印度南部马拉巴海岸卡利卡特时，因为看上去比较潦倒，而且献给当地部落君主的进贡财务甚少，还被怀疑是落难的海盗。但是之后不久，葡萄牙人就让印度的部落主见识了他们坚船利炮的威力，他们占据了沿海的几个据点开始进行香料贸易。19 世纪末，葡萄牙画家何塞·维洛佐·萨尔加多的历史主题作品明显对达·伽马的"历史形象"进行了"艺术修饰"，显得他比当地君主更为"光辉灿烂"。

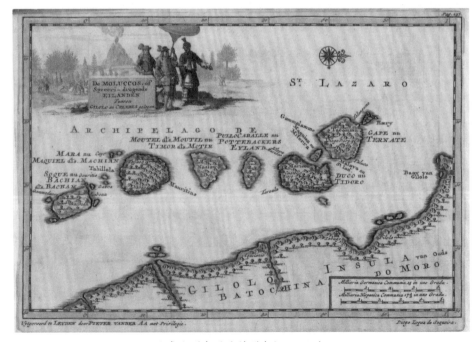

马鲁古群岛（香料群岛）1707 年

输送到亚历山大和威尼斯买卖。16世纪初，荷兰人、英国人又开始在东方的大洋和海岸挑战葡萄牙，尝试占据一系列原料产地和交通要道。荷兰人在1602年进入锡兰岛，1606年后占领了班达群岛等几个出产香料的较大岛屿，此后逐步扩张势力驱赶葡萄牙人。在1619年占据雅加达后，荷兰取得了香料贸易的主导权。荷兰东印度公司（VOC）为了控制香料的生产，规定丁香和肉豆蔻仅能在班达群岛的几个岛上种植，其他岛屿的这类香料植物都被砍掉，私自种植者处以死刑。1641年，他们又从葡萄牙人手中夺去了马六甲的控制权，垄断了丁香、肉豆蔻的贸易，葡萄牙人这时候只剩下出产檀香木的东帝汶这一小块殖民地。

英国人在1602年抢占了出产肉豆蔻的普洛伦岛（Pulo Run或Puloroon），这是离班达岛最远的一个小岛，也是英国在海外的第一个领地。此后他们与荷兰人争斗不休，1667年两国达成《布雷达条约》（Treaty of Breda），英国把普洛伦岛的控制权给荷兰，换取了北美洲的荷兰殖民地"新阿姆斯特丹"，也就是今天的纽约曼哈顿。但是英国人没有忽略亚洲的香料贸易，1685年他们又进入苏门答腊西海岸，并在一个世纪后控制了槟榔屿，18世纪初他们从荷兰人手中接手了马六甲的控制权，并统治了有许多华商生活的港口新加坡。

1700年以后，欧洲养殖业大为发展，鲜肉已可以整年供应而不必腌制，同时，法国、英国在自己的非洲、亚洲殖民地大量种植各种香料植物，如1770年法国在非洲东海岸毛里求斯岛的总督皮埃尔·普瓦沃（Pierre Poivre）设法取得肉豆蔻、丁香的幼苗在当地种植。这打破了荷兰人对香料的垄断，荷兰人在香料贸易上的获利大大下降。18世纪末是欧洲香料贸易和消费的高峰，许多原来昂贵的奢侈调料都变成了日常消费品，市民们可以随时在市场上买到香料，它们失去了神秘的异国情调，也不再具有重要的象征和炫耀意义。

之后随着欧洲人生活方式、文化观念的巨大改变，传统贵族阶层瓦解，新兴资产阶级和市民在饮食中对香料的使用大为减少，人们更追求食物的本来味道，新流行的可可、咖啡、茶和糖等也成了吸引人们花费时间和金钱的嗜好。化妆香水工业虽然仍然庞大，可是人们对古人喜欢的重口味香料使用得少了。19世纪，由化学方法合成的人工香料让天然香辛料在其中的作用日趋没落。

医学观念和产业的变革也让香料不再具有重要的药用价值。具有象征性的事

药店　油画　彼得罗·隆吉（Pietro Longhi）　1752 年　威尼斯学院

件是 18 世纪时内科医师和化学家等更为专门的职业都从开处方兼售药的药剂师这个笼统的中世纪职业中分化出来。1777 年，巴黎的药房也从香料杂货店分离出来①，新型的化学合成药物逐渐成了近现代主流的药物，并不断获得政府、教育、医院体系的支持，而传统药师出售的草药、香料似乎只能扮演心理安慰剂的角色。

如今，世界各地最常见的香料都是烹饪中用的调味品，大致可以分为热带芳香族化合物（如胡椒、肉桂、丁香、肉豆蔻和小豆蔻等），叶状草本植物（如罗勒、薄荷、紫苏、墨角兰、番红花、山葵和月桂叶等），香料籽（如大茴香、芥末、芝麻和罂粟籽等），脱水蔬菜（如洋葱、大蒜、辣椒、姜和黄姜等），混合类调料（如咖喱膏、五香粉混合烧烤料等）。

动物分泌物：移动的香囊

除了植物的树脂、枝叶、果实和种子可以当作香料，有味道的动物分泌物也曾是古人钟爱的香料。

其中最神秘的无疑是龙涎香。抹香鲸在吞食枪乌贼等后无法消化其中的硬质骨头，这些骨头刺激抹香鲸的大肠末端或直肠分泌出灰色或微黑色的分泌物，这些分泌物逐渐在小肠里形成一种黏稠的深色物质，储存在结肠和直肠内。这些黏稠的物质刚取出时臭味难闻，把它清洗、晒干后会变成阴灰或黑色的固态蜡状物质，具有独特的甘甜土质香味，点燃时更是香味四溢，即中国人所说的"龙涎香"，而欧洲人大多把龙涎香叫作"琥珀香"，

在古代，龙涎香是重要的药物和香料，古波斯贵族喜欢手持点燃龙涎香、沉香的熏炉，国王外出也让人沿途点燃龙涎香和沉香。罗马帝国时期的人以为龙涎香来自印度。9 世纪的波斯航海家苏莱曼（Sulaiman）说龙涎香是印度和东南亚之间的兰伽巴路斯（今天称为尼科巴群岛）的特产，当阿拉伯等地的商船到来时，当地人就带着龙涎香、甘蔗、香蕉和椰子酒之类的东西乘坐独木舟到商船边交易，

---

① 杰克·特纳 . 香料传奇：一部由诱惑衍生的历史 [M]. 周子平，译 . 北京：生活·读书·新知三联书店，2007：357-358.

因为彼此听不懂对方的语言，他们是靠手势协商交换条件的[①]。阿拉伯人和中世纪的欧洲人用它做药物和香料，比如阿拉伯人曾把小块的龙涎香放在杯底给咖啡增加香味，据说连续使用两三周都能散发味道。

汉代史书记载"南海"（古代泛指东南亚、南亚地区）出产这种香料，是王室、上流社会使用的奢侈品。唐代把龙涎香称为"阿末香"，这是对其阿拉伯名称的音译。段成式《酉阳杂俎》中描述，"西南海中"的"拨拔力国"以出产象牙和阿末香著称，常年都有数千波斯人前去贸易[②]。龙涎香在宋代仍是价格高昂的香料，甚至出现了冒充龙涎香的伪品。随郑和去过西洋海岛的翻译费信在《星槎胜览》中记录说，南洋多个海岛都出产龙涎香，苏门答腊北部有个小岛更是以出产龙涎得名"龙涎屿"，"其龙涎初若脂胶，黑黄色，颇有鱼腥之气，久则成大块。或大鱼腹中剖出，若斗大，亦觉鱼腥。和香焚之可爱"。[③] 在苏门答腊的集市上购买的话，一斤折合十六两银子，是价格最高的香料。

另一种知名的动物分泌物香料是麝香。它是雄麝腹部香腺的分泌物晒干制成的颗粒状或块状香料，也可以入药，至今仍然非常昂贵，1克要好几百元人民币。中国有林麝、马麝、原麝、黑麝和喜马拉雅麝5种麝类动物，生活在西南、西北、东北地区，此外，印度、尼泊尔、越南、蒙古和西伯利亚南部地区也有几种麝类动物。古人往往把上述麝类笼统称为麝、麝獐、香獐，它们在山林中靠吃树叶、蛇虫为生。据说两岁的雄麝每年春天就会在肚脐香腺囊中形成分泌物，到了寒冬就会填满，约有50克，入春后肚脐内急痛，自己会用爪子剔出香来并用大小便覆盖，可惜人类不容易发现。麝听觉、嗅觉发达，多在拂晓或黄昏后活动，极难捕获，所以麝香在古代一直是名贵药材和香料。此外，麝香鼠等动物也有类似麝香的分泌物。

在中国，关于麝香的记载最早见于约成书于三国时代的《神农本草经》，其中把麝香列为"上品"药物。晋代郭璞注释《山海经》时指出麝这种动物"似獐而

---

① 多尔比.危险的味道：香料的历史 [M].李蔚红，译.天津：百花文艺出版社，2004：100-101.
② 许逸民.酉阳杂俎校笺 [M].段成式，撰.北京：中华书局，2015：445，447-448.
③ 刘幼生.香学汇典 [M].太原：三晋出版社，2014：457.

小，有香"①。南北朝《本草经集注》记载好几个地方出产麝香，其中西南、西北"羌夷"地区的品质最好，随郡、义阳、晋溪地区次之，益州（今巴蜀地区）来的很多是伪劣产品②。

南北朝到宋朝，陕南秦巴山区是麝香的著名产地，诗人张祜《寄题商洛王隐居》中有"随蜂收野蜜，寻麝采生香"的说法，可见当时有农民靠采收麝香赚钱谋生。因为用量大几乎让这些地方的麝灭绝了，后来中原主要从西藏、青海、四川等地买进麝香。明清时候因为麝香可以兴奋中枢神经，被认为是壮阳药物，所以需求非常大，与牛黄、犀角、熊胆等名贵动物药材一样价格高昂。

麝香也是著名的闺房香料，《齐书》上记载，东昏侯用金子片制成莲花形状铺在地上，涂上麝香，令美妃在上面飘然起舞，这成为他被后世攻击的恶行之一。唐代一些女子喜欢在香囊中放麝香，文人在墨料中添加微量的麝香制成"麝墨"，用来写字作画后能散发芳香而且防腐不蛀，唐代诗人韩偓就曾描述过"蜀纸麝墨添笔媚，越瓯犀液发香茶"的风雅文人生活。

古代印度人可能是最早利用麝香的，《梵书》中称为"莫诃婆伽"。但是它在欧洲出名则要晚很多年，5世纪左右，罗马人才闻到麝香的味道，圣杰罗姆（Saint Jerome）认为这种气味强烈的香料是情人之间和享乐主义者使用的东西。9世纪的阿拉伯作家雅库比（Ya'qubi）从商人那里得知最好的麝香产于西藏地区，其次是粟特（西域古国）和中国（指唐朝辖区），很多穆斯林商船到广州购买中国麝香。阿拉伯商人把从广州和撒马尔罕等地购买的麝香再贩运到西亚和地中海地区，到了11世纪，拜占庭学者塞特（Simeon Seth）已经知道西藏地区出产的最好的麝香，可能是经过印度或撒马尔罕再传播到阿拉伯地区和欧洲的。

中世纪的欧洲药草学就同中医一样把麝香当作珍贵药材，因为价格昂贵，所以12世纪有人描述当时的奸商会把胡桃粉末乃至铅、铁掺入其中赚钱。中世纪的欧洲妇女喜欢用它作化妆品，贵族们更是把麝香放在床上，认为这是最高贵的享受。16世纪，葡萄牙商船抵达华南的时候，也曾贩运中国的麝香、肉桂等卖到印度、日本等地。

---

① 郝懿行.山海经笺疏 [M]// 郝懿行集.济南：齐鲁书社，2010：4706.
② 刘幼生.香学汇典 [M].太原：三晋出版社，2014：434.

麝香在近代主要用来制造高级香水、香脂、香粉、香皂、香精及精制食品，是日用化学工业中的重要原料。1888 年，科学家艾伯特·波尔研究 TNT 炸药的时候偶然闻到一种化合物发出类似麝香的香味，后来被称为硝基麝香（Nitro-musk）。这是第一种人类合成的人工麝香，由于它的不稳定性和轻微毒性后来被禁止使用了。再后来，人们又发明了多环状麝香（Polycyclic musk）、大环状麝香（Macrocyclic musks），如今被广泛使用在香水制造业。人们还发现锦葵科秋葵属的一种植物黄葵（*Abelmoschus moschatus*）的种子能散发类似麝香的味道，将碾碎的种子用蒸汽蒸馏，会产生一种挥发性芳香油，可用于调制香水和入药。这种植物原产于东南亚、南亚和华南，后传播到世界各地的热带地区，目前有些地方已经进行商业化种植。中国一直是麝香的主产国、主要出口国和消费国，现代因为资源匮乏加上动物保护，麝香的获取难上加难，所以四川等地出现了饲养麝提取麝香的产业。

相比历史悠久的龙涎香、麝香，灵猫香、河狸香的兴起比较晚，而且它们在香味之外还带有强烈的腥臭气，因此用途有限、价格较低。

灵猫香在中国最早见于 739 年唐人陈藏器所著《本草拾遗》，很可能是波斯商人传入中国的，这是从非洲大灵猫（*Viverra civetta*）的香腺体中提取的分泌物。在 10 世纪时，阿拉伯历史学家马苏迪（al-Masudi）曾在《黄金草原与珠玑宝藏》中给予记载。非洲大灵猫主产于非洲中部，是一种凶猛的夜行性肉食动物。雌性和雄性大灵猫生殖器旁的分泌腺都有类似黄油一样的黄色软性糊状物质，接触空气后会变黑，黏度增加，据说雌性提取的分泌物气味非常强劲和腥臭，所以较少使用；雄性的味道相对温和，也仅仅在个别香水中微量调和使用；另外南亚、东南亚、东亚生活的小灵猫也产类似的分泌物。

加拿大、俄罗斯和中国北部的北美河狸和欧洲河狸是体形肥胖的哺乳动物，栖息在寒温带、寒带的湖沼河川等地，以树木树皮、水草根茎等为食。雌雄河狸的生殖腺附近都有两个梨状腺囊，其中的分泌物就是所谓"海狸香"。18 世纪末期，人们才开始利用河狸香。刚从腺囊中取出来的分泌物是黄褐色乳胶状物质，光线照射后会变成暗褐色，接着类似树脂般硬化。把它加工成粉末，通过溶剂等方式可提炼出香料。由于过去取香者都用火烘干整个腺囊，因此商品海狸香带有桦焦油样的焦熏气味，成为海狸香香气的特征之一。

香水工业：对美和魅力的许诺

香水的英语单词"Perfume"源于拉丁语，意思是"透过烟雾"。上古部落点燃带香味的植物种子、茎叶和树脂等，散发出令人愉悦和迷幻的烟雾，人们以为这可以让神灵也感到满意。

为了长久留存这些香味，人们首先发明了油膏。古代美索不达米亚和埃及人把挥发性香料磨成粉末，与芝麻油、橄榄油等油脂混合制成油膏或者液体的香油液，用于沐浴和浴后保养。中东出土的4000多年前的楔形文字模板记录一位叫塔普提（Tapputi）的女子曾经蒸馏花朵、油、菖蒲、莎草、没药、凤仙花等原料，然后过滤合成液体的香液或油膏，她可以说是人类历史上有记载的第一位用化学手段制作香水的人。

4000多年前的古埃及神庙祭师用油浸泡香料植物再用布过滤，或者把带香味的花瓣揉进动物油脂里面，来吸收和保存香味。这种油膏"可菲"（Kyphi）只有祭司和法老可以使用。公元前1500年，使用油膏在埃及已经日趋普遍，法老和贵族在沐浴中、沐浴后普遍使用油膏，死后也要用没药、肉桂制成的香料裹尸，成为木乃伊，希望能在另一个世界复活和永存。1992年考古学家开启埃及法老图坦卡蒙（Tutankhamen）的金字塔陵墓时，发现木乃伊周围有存放香精油的油壶。

在古代，这类香膏、香液曾是主要的贸易对象，如塞浦路斯岛曾发掘出4000年前存放香料的广口瓶。那时，擅长贸易的腓尼基人把埃及、西亚部落制作的香味油膏运到古希腊城邦贩卖，随后希腊人还学会了使用和制作油膏。当时希腊有大量的女性调香师，她们改进了埃及的香水制造技术，让它们能更持久地散发香味，有的城邦的经济主要依靠制造油膏向各地出售。希腊城邦的公民不仅在宗教仪式上按照传统礼节使用油膏，还在日常大量用来熏染身体和衣服，甚至出现了在身体的不同部位使用不同油膏的讲究。雅典政治家梭伦（Solon）认为频繁滥用油膏有违希腊的礼俗，他在当政时一度立法禁止油膏的自由买卖。

古罗马人初期和希腊人一样，只在宗教仪式和葬礼上使用油膏。没过多久，权贵就开始在日常生活中使用油膏，很多人喜欢把香膏涂在衣物、居室甚至马的身上，也出现了香水洗浴之风。但是罗马帝国后期，基督教成为国教后提倡简朴的生活，罗马贵族中不再流行香水浴。

到了 8 世纪，香液生产技术出现了革命性的变化。伊斯兰世界的化学家为了

年轻女子在扑粉化妆　油画　乔治·修拉（Georges Seurat）1889—1890 年　考陶尔德艺术学院

提炼药物，精心研究如何实现物质形态的转化，他们尝试对液体进行不同的冷热处理，产生不同状态的产品，如酒精提纯、蒸发液体、氧化物、液体化、过滤、结晶等。一位波斯或阿拉伯化学家改进了从芳香植物提取挥发性精油（又称芳香油）的蒸馏技术并用于蒸馏玫瑰香水。9 世纪的阿拉伯博物学家肯迪（al-Kindi）写的《香水化学工艺与蒸馏之书》中列有 107 种香水和香精油的配方，介绍了提纯所需的蒸馏器的构造。

波斯商人把各种玫瑰水、茉莉水等当作奢侈品出售，这成了一桩有利可图的生意。阿拉伯阿巴斯王朝在许多地方栽种玫瑰，首都巴格达在 10—13 世纪是精油贸易的中心。13 世纪奥斯曼土耳其帝国崛起后，首都埃迪尔内（Edirne）和君士坦丁堡也先后成为精油贸易的中心。五代和北宋时期，西亚的玫瑰香水由海贸路线运抵中国，人们称为"蔷薇露""大食蔷薇水""大食水"。蒸馏技术也在北宋时传入广州，随之扩散到闽浙，当地人利用素馨、茉莉、柑花和桂花等仿制香水。

12 世纪之前，西欧绝大多数地方的贵族和平民都没有使用香水的习惯，只有教堂会在某些宗教仪式上焚香和点燃没药，或用小刷子向衣物、墙壁上洒香水来渲染气氛、屏蔽臭味。例外的是佛罗伦萨、威尼斯等城邦的权贵和富商，他们因为和奥斯曼土耳其帝国及阿拉伯商人打交道比较多，也模仿东方人使用蔷薇水等花露水。13 世纪时，佛罗伦萨新圣母教堂的教士学会了蒸馏提取香水的技术，开始自制香水，此后欧洲人在这一行才大放光彩。

文艺复兴时期香水在西欧能普及发展，有几个现实而有趣的因素。

第一，为皮革除臭带动了法国南部香精制作的发展。13 世纪，巴黎等地富贵人家流行戴皮革手套，法国南部格拉斯的皮革产业因此大为发展。由于皮革制造过程需要使用含氮的工业废料，全城也就充满了臭味，手套成品也带有这类味道。后来皮革作坊就在皮革上擦拭薰衣草、迷迭香、鼠尾草等芳香植物的精油来进行除臭，周边也就开始种植薰衣草之类的植物。除了传统的蒸馏法，格拉斯人还发明了脂吸法（enfleurage）用于提取精油。从这里进口皮手套的意大利人发现格拉斯种植薰衣草、玫瑰、茉莉和各类柑橘属植物，出产精油，就派人长期从这里进口精油，转卖到意大利各地。至今这里还是以香料种植著称，每年生产和加工

30 万千克玫瑰花，其主要品种是百叶蔷薇（*R.centifolia*），又名五月玫瑰、画师玫瑰。

第二，黑死病流行之后，防疫带动了薰衣草精油的流行。1348—1679 年，欧洲大规模流行"黑死病"（后人分析是鼠疫），这种瘟疫主要通过跳蚤传播，欧洲大概有 1/3 的人因此而死亡。为了防疫，草药师们尝试各种药物，还让人穿上厚厚的鸟喙形状的服装，以防通过空气传播的黑死病病原菌。在黑死病肆虐时，种植薰衣草、制造香水的地方的人幸免于难——可能因为香草、香水的味道具有天然的驱虫作用，于是人们相信香水有助于防疫，纷纷随身携带香盒、香囊一类的东西，在戴手套或者熨烫衣服时洒上花露水，或者在抽屉里放上香包来让衣物染上味道，也有的人在室内焚烧香木、迷迭香、薰衣草、大麻、牛至和鼠尾草等香草。

第三，为了遮蔽当时随处都有的臭味。罗马帝国衰落之后，欧洲许多城市的排水系统也被废弃，许多城市的街道肮脏不堪，经常是粪水横流、臭气熏天。同时，当时的人们也不爱洗澡，认为洗澡会把人的毛孔打开，容易染病。据说法国国王路易十六每年只洗两次澡，英国女王伊丽莎白一世也仅仅一星期洗一次澡。为了掩盖各种臭气，法国贵族和上流社会开始大量使用香水、香囊和香粉等。由于欧洲各国尤其是法国的权贵富豪流行使用香水，意大利城邦的香水产业得到快速发展。

现代香水产业：工业和反工业

女性对近代香水产业的发展影响巨大。14 世纪下半叶，匈牙利的伊丽莎白女王命人用香精油和酒精混合，研制出第一批现代香水"匈牙利水"。因为香料贸易和手工业而兴盛的佛罗伦萨、威尼斯等城邦的富贵人家广泛使用香水，并出现了制作香水的手工作坊，不久之后，意大利工匠还把这一技术传入了法国南部地区。15 世纪，地理大发现以后，荷兰商人大力发展香水工艺和产业，他们混合使用东方进口的香料（如花卉、草本、麝香和琥珀等）来丰富"匈牙利水"的香味。

在意大利、荷兰之后，法国香水制造业异军突起，这与 16 世纪时凯瑟

美人化妆　浮世绘　桥口五叶　1918 年

琳·德·美第奇（Catherine de Meidici）成为法国王后有关。她生于以生活豪富
著称的佛罗伦萨美第奇家族，嫁给法兰西的亨利二世时，她带来的香水调配师雷
乃（Rene the Florentine）开设了巴黎第一家香水店，带动了法国贵族对香水的
热情，一时间，贵族们纷纷佩戴用香水浸泡过的皮革手套，并在服饰上喷洒香水。

　　这以后，法国成为欧洲时尚的领导者，路易十四、路易十五、路易十六的宫
廷中大量使用香水以遮蔽疏于洗澡而出现的体味，上上下下纷纷效仿，于是巴黎
的贵族、中产阶级都流行给自己的饰物、服饰洒香水，整个巴黎成了"香水之都"。

香水　油画　藤岛武二　1915 年　东京国立现代美术馆

　　日本画家藤岛武二在 20 世纪初留学法国和意大利，1910 年回国在东京美术学校任教
并创作带有印象派影响的油画作品，中国留日画家卫天霖、陈抱一、汪亚臣、关良等都曾
师从他学画。他的一些作品描摹中国女性，如这件作品就描画穿着旗袍的一位女子正在出
神远眺，桌上放着一小瓶香水。

法国的香水作坊不断成立，开发出多种植物扩充香水的原材料，丰富香水的香型，也日益重视香水瓶的设计和制作。17 世纪开始，法国贵族常常将香水喷洒在扇子上随身携带，在社交场合轻摇扇子就能散发出阵阵香味。直到 19 世纪下半叶出现喷头式香水瓶，人们才直接把香水喷洒在身体或衣物上。

18 世纪是传统香水产业的高潮。1724 年，格拉斯的制香者们开始使用现代蒸馏器制造香水，20 多年后这里发展成了欧洲最大规模的香料种植和精油提取基地。格拉斯最大的香水及芳香制品作坊嘉利玛（Galimard）长期为国王路易十四和路易十五提供香水、香脂、橄榄油等芳香制品。法国南部许多农民开始种植用于提取香精的薰衣草等芳香植物，在 18 世纪末形成了著名的普罗旺斯薰衣草田的景观。

18 世纪，出现了革命性的香水产品"古龙水"（Eau de Cologne）。对其起源，德国人和意大利人有不同的说法。前者说 1792 年科隆城银行家慕尔亨斯的儿子威廉的婚礼上，一名教士将记载"非凡之水"（l'acqua marabilis）香水配方的羊皮卷赠送给这对新人，这对夫妇制作销售这种香水，命名为古龙水；后者认为是佛罗伦萨圣玛丽修道院的修女研制出了叫作"女王之水"（Acqua de Regina）的这种香水，一个叫纪梵尼·帕罗（Giovanni Paolo）的科隆城药剂师通过引诱女修道院院长获得了香水配方，开始自己制造"绝妙之水"（Eau Admirable），后来改名为古龙水。

味道清新的古龙水由天然香料和酒精制成，当时的人们除了当香水洒在衣物上，还用它沐浴、漱口、消毒，或与红酒、糖混合饮用。之后各地的香水作坊纷纷仿制，成为 19 世纪最流行的香水品类。拿破仑是著名的古龙水爱好者，他每天都会让仆人在他身上擦拭古龙水，或者与糖混合后饮用。而他的皇后约瑟芬（Josephine）与丈夫兴趣有别，非常喜欢气味浓烈的香水，有"麝香疯子"（Muskfool）的外号。她的浴室充斥着浓烈的麝香、香草、琥珀味道，拿破仑有时无法忍受卧室浓烈的香味，不得不到别的房间睡觉。

19 世纪以来，天天洗澡的都市人已经不必用香水遮盖体味，因此香水的"实用功能"大大下降了，可是在香水商和时尚媒体的宣扬下，喷香水变成了一种文化上的时尚行为。每一瓶陈列在商场中的香水后面都意味着长长的香水产业链条在持续运作。保加利亚、土耳其、摩洛哥、埃及等地提供最基础的种植和精油，然后将精油送到维也纳、法兰克福和巴黎的工厂调配成香水，再运到全世界各地销售。

经过漫长的时光，古代的香膏、花瓣浸水形式才演变为 19 世纪常见的瓶装香水。多数香水都是混合了香精油、固定剂与酒精或乙酸乙酯的液体，用来让人体部位拥有持久且悦人的气味。精油用蒸馏法或脂吸法取自于花草植物或用带有香味的有机物调配。固定剂用来将各种不同的香料结合在一起，例如香脂、龙涎香以及麝香猫与麝鹿身上气腺体的分泌物，酒精或乙酸乙酯浓度则取决于是香水、淡香水还是古龙水。

19 世纪，现代化学工业发展迅速，化学家将植物精油中的各种成分分离为分子，分析其化学结构，尝试用化学方法人工合成类似天然香料味道的化学物质：1855 年合成了茉莉花油中的乙酸苄酯；1868 年合成了黑香豆中的香豆素；1874 年合成了香荚兰豆中的香兰素；1888 年合成了第一个硝基麝香化合物；1893 年用柠檬醛合成了紫罗兰酮。这让香水产业的老板、调香师们可以不再受到大自然的约束和成本的限制，可以大规模批量调制价格更低的迷人产品，让普通大众也能消费得起香水。

这大大加快了香水工业化的进程。在 19 世纪末的法国，有将近 2000 人从事香水工业，约 1/3 的香水出口销售。商人也对香水味道以外的一些元素给予重视，开始讲究瓶身的设计、外包装和广告宣传。1900 年的法国世界博览会上，香水展馆装修华丽，中央是一个大型喷泉，周围围绕着各类的香水展商。他们邀请当时著名的艺术家为自己的展台设计装潢，此后，香水厂商都开始重视包装和宣传的作用。

20 世纪 80 年代以来，由于分析技术和精密仪器的进步，许多精油中的重要微量成分，如玫瑰油中的玫瑰醚、突厥烯酮等先后被发现，其工业合成方法亦相继问世，为调配各种新香型的香精提供了更加丰富多彩的原料。

有趣的是，尽管绝大多数香水都是在实验室和工厂中严格按照工业标准生产的，但是 20 世纪后期以来，香水制造商更愿意强调它们产品的独特文化品质，很多品牌更愿意宣扬香水的"天然""手工""原始""植物"特性，竭力让人们相信这些因素让自己的香水产品与众不同。或许，他们诉诸的是人类长久以来对植物和土地的亲近感。

花椒

神经震动的酥麻快感

花椒是中国本土调料中使用最广泛的一种，巴蜀厨师把它推广到了世界各地的中餐馆，它漂浮在火锅沸腾的汤水中，装点着麻婆豆腐的色泽。它的奇妙之处在于不仅仅有香辛味，还能带给人震动的麻痒感，花椒为什么会让人产生"麻"的感觉？加州大学伯克利分校的研究者戴安娜·保蒂斯塔（Diana Bautista）通过实验发现，花椒的某些成分如羟基山椒素作用于人口腔中感受震动的神经纤维，让它们误以为发生了轻微的震动而产生兴奋和紧张。也就是说，"麻"既不是味觉也不是触觉，而是神经对震动的感知。

芸香科花椒属的植物约有250种，广泛分布于亚洲、大洋洲和北美的热带亚热带地区。中国有四五十个品种，全国各地都有分布，其中很多植物的干燥成熟果皮都具有酰胺类物质、羟基山椒素等香辛成分，可以作为调料使用，笼统都可称为"椒"或者"花椒"。近现代植物学家把这些植物区分为人们主要栽培的花椒（*Zanthoxylum bungeanum*）和比较常见的野花椒（*Zanthoxylum simulans*）、青花椒（*Zanthoxylum schinifolium*）、竹叶花椒（又名藤椒，*Zanthoxylum armatum*）、山椒（*Zanthoxylum piperitum*）、食茱萸（又名椿叶花椒，*Zanthoxylum ailanthoides*）等。其中外形特别的是青花椒、藤椒，果实成熟以后还是绿青色。

食茱萸在古代曾是四川人常吃的调料，在北方更为珍贵。古人把食茱萸果实煎熬成的膏状调味品称为"藙"，《礼记》记载给牛羊猪肉调味的就是"藙"。《广雅》把食茱萸颗粒称为"樾椒"，四川人则称为"艾子"，左思《蜀都赋》曾描述蜀中人的菜园中广泛种植食茱萸作为香辛调料，可见那时它在巴蜀是常用调味料。宋代四川人还普遍食用食茱萸，宋祁《益部方物略记》记载，当时"蜀人每进羹臛以一二粒投之，少顷香满盂盏"，在那时它是可以与花椒、肉桂相匹敌的香辛料；

黑鲷、红鲷、竹笋和青花椒　浮世绘　歌川广重　19世纪30年代

赵抃《成都古今记》说四川人喝酒的时候也会在盂盏中投一粒食茱萸，让酒也带点香辛味；明代《本草纲目》记载，巴蜀人八月采摘食茱萸，捣碎过滤后取得香辛油脂，制成辛辣的"辣米油"给食物调味，可是等到清代辣椒流行以后，人们就很少再用它当辛辣调料了。

　　与局限在蜀地的食茱萸相比，香味浓厚的花椒传播的地域更广，还被人们赋予了美好的文化意义。

　　"椒"字最早见于《诗经》，周代贵族把花椒浸润的椒酒作为祭祀的佳品，也把花椒粒作为赠送情人的礼物，因为花椒结出的果实密密麻麻，可以象征多子多孙，所以，除了情人之间互相赠送，贵族之间也常以"椒蓼之实，繁衍盈升"祝福亲友子孙昌茂。值得注意的是，周人的发家之地是陕西，当地可能在那时已经从巴蜀引种了花椒。战国时期，屈原写过"奠桂酒兮椒浆"和"播芳椒兮盛堂"的文字，可见当时楚国也流行用花椒、肉桂之类的香料撒在酒中祭奠祖先、神灵。

　　东汉出现了每年正月初一儿孙以椒酒向家长祝寿的习俗，既可以事先用花椒把酒泡好，也可以把酒和花椒一起端上桌现泡现喝，这以后就成了正月的习俗之一，一直延续到明代。许多诗人都曾记述过喝椒酒之事，如陆游晚年所作《己巳元日》叙述他年近九旬时在元日喝椒酒的场景：

> 曾孙新长奉椒觞，儿女冠笄各缀行。
>
> 身作太翁垂九十，醉来堪喜亦堪伤。

因为花椒子多象征繁衍子孙，气味温暖芳香可以辟邪除恶，汉代皇后所居之处会以花椒和泥涂壁，称为"椒房"。此后"椒房"也成了后妃宫女乃至闺房女子所居的代称。

花椒在汉代也是重要的药材。1973 年湖南长沙马王堆 3 号墓出土的西汉医书《五十二病方》中多次提到它。三国时编定的《神农本草经》记载，当时人们珍视产于今天陕西、甘肃一带的"秦椒"和四川地区的"蜀椒"。当时的方士、道士认为花椒是一种可以通神的神奇药物，如晋代郭璞写过《椒赞》：

> 椒之灌植，实繁有榛。
>
> 薰林烈薄，酹其芬辛。
>
> 服之不已，洞见通神。

用花椒给食物调味最早见于三国时代的记载，三国人陆玑《毛诗草木疏》说："蜀人作茶，吴人作茗，皆合煮其叶以为香。今成皋诸山间有椒谓之竹叶椒，其状亦如蜀椒，少毒热，不中合药也，可著饮食中，又用蒸鸡、豚，最佳香。"[1] 可见当时巴蜀出产的花椒"蜀椒"已经闻名中原。因为当时还不常见，估计人们就把竹叶花椒、野花椒、青花椒之类的果皮和椒粒笼统称为"椒"，都拿来调味，但它们或者香味较淡，或者微带苦味，无法和四川人千百年来不断选育的优质花椒相比。

巴蜀及相邻的陕甘南部地区出产的花椒自汉代以来一直声誉卓著，如今西南

---

① 郝懿行 . 尔雅义疏 [M]// 郝懿行集 . 吴庆峰等，点校 . 山东：齐鲁书社，2010：3579.

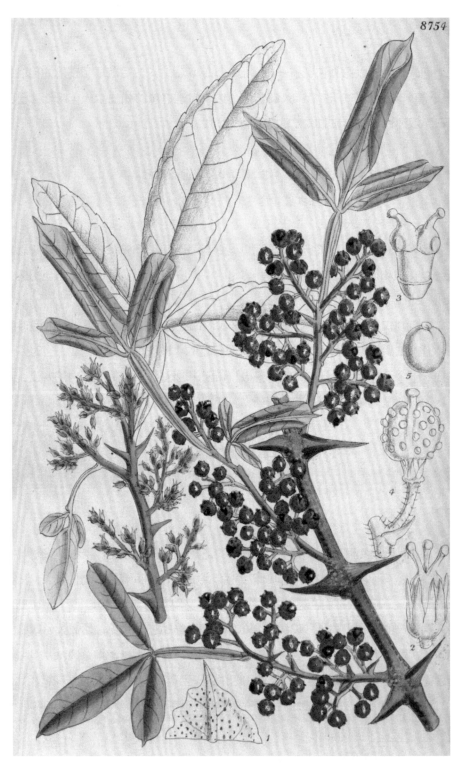

8754

竹叶花椒　手绘图谱　玛蒂尔达·史密斯（Matilda Smith）　1918 年

和西北部分地区产的优质花椒通称"川椒""川红椒""大红袍"等，以果皮鲜红、油分大、香气浓著称。估计上古时候因为传入中原地区的数量太少，才被当作昂贵的香料使用，到魏晋以后因为种植规模扩大，可以大量输入中原，就不再稀奇了。

花椒是古代中国最重要的调味品之一，有学者统计，北魏开始到明代，食品中使用花椒的比例逐渐增大，唐代约 2/5 的食品用到花椒，明代则有 1/3[①]。但从清代开始，花椒在食谱中的比例大大降低，降至 1/5。这主要是因为明代大量进口胡椒，人们食用花椒的数量减少了，之后辣椒从清代中期起流行于西南各地，受欢迎程度超过花椒，成为了当地的头号调料。

巴蜀从秦汉时代起就是花椒最重要的产地，当地人的饮食素来就有浓厚的香辛倾向，东晋时的《华阳国志》记载，蜀人"尚滋味，好辛香"，这份口感主要就来自花椒、食茱萸的作用。到了清代道光、咸丰、同治年间，四川各地普遍栽种辣椒，这又大大加重了川菜的辣味。清末的《成都通览》记载，当时川菜中已经有热油海椒、海椒面、回锅肉等以辣椒为名的菜式，从此"麻""辣"交织成了川菜的一大特色。到 20 世纪 90 年代，川菜逐渐流行全国，麻辣滋味更是感染了全国各地的菜品。

在中国以外，常吃花椒的也是中国的邻国。韩国的一些料理菜式会用山椒和青椒调味。日本人除了使用山椒果壳，还喜欢把称为"不芽"的嫩叶和未熟果实的粉末用于汤中增添香气。四川花椒也很早就被藏族传入尼泊尔、不丹种植，当地人也经常在各种肉菜、泡菜中使用。此外，印度尼西亚苏门答腊岛北部的峇达族（Batak）也喜欢采集在东南亚、南亚和中国西南广泛生长的刺花椒（*Zanthoxylum acanthopodium*）调味或者制作酱料烤肉。因为这个部族的人种在外貌、服饰和习俗上与云贵地区的少数民族有近似之处，有历史学者甚至推测他们可能是很早以前从云贵高原一路迁徙而来，用刺花椒调味或许就是那时传承下来的习俗。

---

① 蓝勇 . 中国辛辣文化与辣椒革命 [N]. 南方周末，2002-01-24.

胡椒

从奢侈品到日用之物

　　我在南欧旅行的时候，常吃用胡椒调味的菜，在那里胡椒几乎是和盐一样常备的调料。意大利和西班牙这些南欧国家发生的文艺复兴、地理大发现与开拓胡椒、丁香这类香料的贸易新路线有极大关系，在博物馆流连时，我常能看到有趣的历史遗迹。后来我去印度时，特别去参观过喀拉拉邦的胡椒种植园，两三千年前这里出产的胡椒就随着商船传播到西亚，之后又传播到地中海沿海，让希腊、罗马人为之着迷。2世纪的泰米尔诗人描述说，当罗马商船抵达这附近的港口，当地人就家家户户带着大包胡椒到市场上与罗马人交换黄金。至今当地人还喜欢在庭院中种一两棵胡椒树，它能顺着椰子树或棕榈树向上蔓延，一棵树上面采收的胡椒就足够家庭一年的使用。

　　尽管古印度人、古埃及人、古罗马人、汉代中国人都吃过胡椒，但是这几种人群的餐饮口味今天看来有巨大的差异，其原因不仅仅和环境、地理等客观因素有关，更与不同社群之间经济、贸易和文化的互动及变化有关。

　　胡椒（*Piper nigrum*）是胡椒科蔓藤类植物，原产于印度西南海岸，至少公元前4世纪已有人工栽培，6世纪的时候由南印度引入爪哇与苏门答腊，在东南亚有比较广泛的分布。胡椒的果实因为采制方法不同，有黑胡椒、白胡椒、绿胡椒和红胡椒之分：将胡椒藤上未成熟的浆果摘下来，整料晒干就成了黑胡椒；若其果实完全成熟、果肉软化后再采收，然后将果皮去除，种子晒干就得到白胡椒；绿胡椒同黑胡椒一样，是由未成熟的绿色浆果晒干制成的；在食盐水和醋中腌制成熟的红胡椒浆果可以制成罕见的红胡椒。

　　印度人早在4000多年前就拿胡椒调味，中国人对此早有耳闻和品尝。司马迁写的《史记》记载，汉武帝时番阳令唐蒙出使南越时，南越王赵佗请唐蒙吃了一种夜郎（今天云贵一带）传入的叫"枸酱"的食物，唐蒙回到长安后，从商人那

里打听到四川也有这种珍奇的东西，
后人考证这可能是用荜拨或胡椒
调味的肉酱。西晋司马彪所著《续
汉书》提到，东汉时人们已知道天
竺国（印度）出产石蜜（蔗糖）、
胡椒、黑盐等，估计胡椒那时已通
过商人、使节传入洛阳等地，因其
辛辣似花椒，又是西边的胡人传来，
故得名"胡椒"。《后汉书》记载，
汉灵帝爱好胡服、胡帐、胡床、胡
座、胡饭、胡箜篌、胡笛、胡舞，
大概他也吃过胡椒、石蜜（蔗糖）
调味的烤肉和烤饼吧！

汉唐时代，古印度的宗教、医
药、熏香等发明对中土影响甚大，
印度的多种香药大量输入中原，被
当作珍贵的药物使用。西晋张华
《博物志》记载了胡椒酒，东晋的道
士葛洪因为到过华南，也比较早知
道胡椒的存在，他在《肘后备急方》

胡椒　手绘图谱　兰登·戈尔丁（Lansdown
Guilding）　1832 年

中把胡椒当作治疗霍乱的药物。南北朝时中原地区有人用胡椒和荜拨两种香料炮
制特殊风味的肉类，其中一种"胡炮肉法"是把出生一年的肥羊羔肉切成细叶大
小，用胡椒、盐等香料搅拌腌制后放入洗净的羊肚中缝合，然后放入一个土坑中，
上面以烧过的灰烬覆盖，在上面点燃柴火，煮一锅米的时间后，扒开灰烬就可以
吃到"香美异常"的"肚包肉"。

唐代流行胡风餐饮，富足之人常吃以胡椒调味的"胡盘肉食"，还用胡椒末
调制猪心羹，当作药粥。当时人们觉得用胡椒调味比较辛辣，没有花椒那样芳香。
由于当时胡椒价格高昂，所以是馈赠送礼的奢侈品。唐代宗时长期担任宰相的元载以聚敛贪污为能事，曾从他家查抄出 800 石胡椒（40 多吨）[①]，成为历史上著名的贪腐犯典型。而且，唐代人已经知道了胡椒的可能产地，根据佛教著作《法苑珠林》《大唐西域记》等记载，南印度的阿吒厘国出产胡椒。

随着宋代"海上丝绸之路"的发达，广州成为进口胡椒的中转地，苏门答腊岛的三佛齐国在南宋初年曾一次带来 10 750 斤胡椒，名为"朝贡"，实际是开展贸易活动，可见当时中国和东南亚地区之间贸易规模之大。也许是因为中国早就有了花椒调味，加上海外进口的胡椒价格也较高，所以虽然魏晋以后胡椒断断续续进入中国，但是宋代时候还没有大规模流行起来。

元代蒙古贵族似乎受阿拉伯饮食影响很深，大量使用胡椒调味，因此福建、浙江等地的港口继续大量进口胡椒。元代官员宋本曾在送别另一位奉命前往闽浙处理"番货"有关事宜的官员的诗中说：

> 薰陆胡椒腽肭脐，明珠象齿骇鸡犀。
> 世间莫作珍奇看，解使英雄价尽低。

薰陆指乳香，"腽肭脐"指海狗肾，"骇鸡犀"指一种海中动物的角，这都是当时海外贸易的高价物品，诗人感叹世人珍视海外奇珍异宝而轻视杰出人才，这从一个侧面反映出胡椒被视为奢侈品。

明初朝贡贸易一度相当频繁，洪武七年（1374 年），朝廷已经储存了三佛奇胡椒 40 余万斤，洪武二十三年（1390 年）暹罗（今泰国）一次就带来苏木、胡椒等香料 17 万多斤进行贸易，想必都换成了明朝出产的丝绸、瓷器和茶叶等商品。永乐年间，因为郑和下西洋（泛指南洋、印度洋地区），朝贡贸易更是达到高峰，每年从东南亚输入中国的胡椒高达 250 万斤。朝廷不许私人从国外进口胡椒、苏木等，命令官府买下这些外商运来的胡椒后运送到南京的户部仓库、内府广积库，用于皇帝赏赐藩王、士兵，或者折算成俸禄发放给文武官员，有些也会在市场上出售。当时皇帝和朝廷垄断了胡椒朝贡贸易，并从中获得了巨额收入，比如

---

① 温翠芳. 唐代外来香药研究 [M]. 重庆：重庆出版社，2007：147.

官府收购柯枝国胡椒的价格是 5 两银子 400 斤胡椒，但是官府卖出的价格是每斤胡椒 10 ~ 20 两银子，售价至少是进价的 800 倍。《东西洋考》记载，三佛齐胡椒每斤卖 0.01 两银子，郑和运到国内后以每斤 10 ~ 20 两银子的价格卖出，价格相差 1000 ~ 2000 倍。当然，外商也不吃亏。皇帝奉行"薄来厚往"的对外政策，一般也会"赏赐"比朝贡货物价值更好的东西给外商。

南京的官府仓库中保存了大量胡椒，明朝第六位皇帝明英宗朱祁镇在正统元年（1436 年）曾下令从南京向北京运送 300 万斤胡椒，这些大都用来折算成俸禄发给官员，这促成了胡椒的流行。

曾跟随郑和下西洋的马欢在《瀛崖胜览》（1416 年成书）中记载，自己在苏门答剌（苏门答腊）看到了依山分布的胡椒园，胡椒树花黄子白，开始是青色，成熟时变成红色。这时候似乎已经有人栽种胡椒树。永乐年间，福建长乐文人王恭写的《咏胡椒》一诗似乎就是描述他见到的胡椒树的：

> 结实重番小更繁，中原无地可移根。
> 自从鼎鼐调和去，姜桂纷纷不共论。

此后，云南、海南等地也有人种植胡椒，不过规模并不大。晚明隆庆年间放宽了海禁，官府不再垄断胡椒贸易，允许民间大量从海外进口胡椒等商品。据荷兰史料记载，印度尼西亚爪哇岛万丹的香料市场上，每年集中交易的 30 000 袋胡椒，荷兰商人买下了其中 9000 袋，印度商人买下 3000 袋，其余 18 000 袋胡椒都被中国商人抢购并运回了明朝，可见明朝当时的进口量之大。后来葡萄牙商人也到马六甲、万丹采购胡椒，然后运到日本、闽浙沿海的月港等地销售。葡萄牙人拥有南美洲的大量银矿，喜欢用银币购买丝绸、瓷器等各种商品，而华商则把贸易所得的大量银币运回国内。当时占全世界产量 1/3 的白银因此流入明朝，于是晚明时的闽浙地区出现了显著的经济繁荣和奢侈消费。

大规模的进口导致胡椒的价格降到普通人家也可以接受，到李时珍时代，胡椒已经成为南北大中城市民众都吃的"日用之物"[①]，明人写的饮食著作《遵生

---

① 李时珍 . 本草纲目卷三十二 [M]. 明万历二十四年金陵胡承龙刻本 .

八笺》《竹屿山房杂部》《易牙遗意》等都记载了用胡椒调味的菜品，如"辣炒鸡""蟹生方"等。

胡椒在欧洲

胡椒早在 3000 多年前就从印度传入埃及，公元前 1214 年埃及法老拉美西斯二世去世时，有几粒胡椒在树脂中封装后，被嵌入了他的鼻梁中，当时人认为胡椒这类香料具有种种神奇的作用。随后胡椒的味道对南欧的希腊人、罗马人产生了巨大的吸引力。公元前 4 世纪的古希腊诗人安提法奈斯曾写道："假如有一个人把他买的胡椒带回家，他们就会提议把他当作间谍加以拷问。"这表明当时胡椒的价格相当昂贵。

古希腊人、古罗马人最初把从东方传来的胡椒、荜拨（Piper longum）笼统称为"piper"，后来才开始区分胡椒和所谓的"长胡椒"（荜拨）。相比之下，罗马人更喜欢吃辛辣味淡一点的胡椒，于是胡椒成了他们进口量最大的香料，为此付出了大量金银。

古罗马人爱吃肉，原来调味的主要是盐，而东方来的胡椒给了他们新鲜的味觉刺激，立即成为人人追求的时尚调料。就像汉朝的皇帝享受四方进献的各种珍奇物品一样，罗马的权贵富豪也从他们征服的地方获得各种珍奇异宝和调味品。根据老普林尼的书信，1 世纪，罗马人的餐桌上不但有高卢（今法国北部）的蜂蜜，还有克里特、锡兰、印度出产的调味品，当时已经出现了途经红海到印度马拉巴尔海岸的运送胡椒的贸易路线。

4 世纪时，罗马人出版的《烹调书》记载了当时人们吃的 468 道菜，其中胡椒出现了 349 次[1]。胡椒普遍被用于蔬菜、肉、酒和甜食调味，比如在咸鱼酱、蛋黄中撒上胡椒。胡椒、生姜、孜然、丁香、肉豆蔻等是当时罗马最流行的香料，罗马每年花大量的财物进行采购。古罗马地理学家斯特拉波（Strabo）记载，曾

---

[1] 杰克·特纳. 香料传奇：一部由诱惑衍生的历史 [M]. 周子平，译. 北京：生活·读书·新知三联书店，2007：76.

有一位皇帝派出120艘船，历时一年去印度采购香料。他们用金币、玻璃制品、锡、地中海珊瑚等换购印度的香料、象牙、宝石以及从中国转运来的丝绸。当时罗马、埃及、阿拉伯等地来的商船沿着大致固定的航道每年到印度西海岸的港口购买或者交换获得胡椒等香料，然后等到每年10月、11月季风来临时顺着风向返航。在陆地上，为了降低贸易逆差，罗马还多次发动对位于今天伊朗的国家帕提亚的战争，因为这个国家控制了东西方贸易路线的关键节点。

在罗马城，当时的胡椒价格并不算太贵，老普林尼《自然史》记载，当时黑胡椒的价格是每磅4第纳尔（denaries，古罗马银币），相当于一个劳动力工作两天的收入，而白胡椒是每磅7第纳尔，生姜是每磅6第纳尔，肉桂依据品种成色价格每磅5～50第纳尔，最贵的是纯桂皮油，价格高达每磅1000～1500第纳尔，而当时一名罗马士兵的年俸为225第纳尔。胡椒对罗马人来说不仅是调料，也是重要的药物，比如有些妇女把胡椒当作春药服用。

在罗马帝国衰落以后，他们又把国库中存放的大量胡椒作为与蛮族讲和的财物，如408年哥特王阿拉里克围困罗马时，罗马元老院同意支付5000磅金子、

国王接受进献的胡椒　15世纪法国出版的《马可·波罗游记》插画　法国国家图书馆

hier achter
te coope te
zoeyẽ elck
off teeuemā

肉铺与圣家施舍 油画 彼得·阿尔岑（Pieter Aertsen） 1551 年 北卡莱罗纳美术馆

16 世纪佛兰德斯等地兴起描绘丰盛食物的风俗画，画家彼得·阿尔岑与众不同的是把风俗画中的静物、场景和宗教故事场景结合起来，呈现宗教与世俗、施予与欺骗、节制与放纵的跨时空对比。比如这张画中前景是肉铺中各式肉食，但中间远景却是《圣经·新约》中的约瑟夫、玛利亚怀抱耶稣一行逃往埃及的路上，坐在驴上的玛利亚正把自己的面包分给一个少年乞丐。右侧看过去有个小酒馆。几个男子正在饮酒作乐，酒馆的伙计则正在院子里偷偷往酒里兑水。似乎在暗示只有穿越酒池肉林，摆脱口腹之欲才能得见圣灵。

30 000 块银币、4000 块丝绸、3000 块红布料以及 3000 磅胡椒换取退兵。这时候因为罗马无力维护和印度的贸易路线，胡椒的价格已经再次变得昂贵起来。

罗马帝国瓦解以后，中世纪的香料贸易路线发生了巨大变化。首先是西亚先后出现波斯和阿拉伯帝国，他们控制了香料贸易的中转路线的大部分，阿拉伯商人把胡椒从印度运到埃及，威尼斯、热那亚这些城邦的商人再转卖到地中海沿岸

葡萄牙战舰离开岩石海岸 油画 乔吉姆·帕特涅尔（Joachim Patinir） 16 世纪初 英国国立海事博物馆

各城市和内陆，这种贸易让威尼斯和附近城市大发横财，促进了它们在文艺复兴时期的辉煌。而在东方，印度西海岸的数个港口也因经营胡椒、柴桂而发达，中世纪最重要的港口是喀拉拉地区的马拉巴尔（Malabar），印度人收集附近的胡椒送到这里卖给阿拉伯、波斯和中国商人，然后这些商人再转卖到欧洲、亚洲各地。

在古罗马和中世纪，胡椒不仅是调味品，也是一种珍贵的药物。罗马人把它当作治疗阳痿、发烧等病症的药物。比如罗马皇帝马库斯在宴会上暴饮暴食后发烧，御医盖伦以为这是吃了过多食物导致冷、湿黏液质增加引起的，他开出的药方是让皇帝饮用味道淡而酸的萨宾酒，并辅以胡椒。8世纪的米兰大主教曾建议用胡椒、丁香和桂皮治疗关节炎，英国的坎特伯雷大主教则建议用胡椒拌野兔膀胱治痢疾造成的腹痛①。

15世纪时，威尼斯的富足让西班牙、葡萄牙等国羡慕不已，他们的国王、商人出资，资助探险家达·伽马、麦哲伦、哥伦布前往遥远的东方寻找香料和黄金。1498年，达·伽马航海到达印度西海岸的港口城镇卡利卡特时，阿拉伯商人曾经问他为何而来，达·伽马回答说是为了寻找耶稣基督和香料，此后印度和东南亚的香料开始直接被欧洲贸易商船运往欧洲大陆销售，与阿拉伯商人靠传统路线运到埃及再经威尼斯等地转卖的香料形成了竞争的格局。

16世纪时，葡萄牙人也把胡椒传播到马来群岛种植，此后又由荷兰人传入斯里兰卡、印度尼西亚等地栽种。17世纪的时候，荷兰和英国取代葡萄牙成为了胡椒贸易的主导者，大量胡椒进口到欧洲，使胡椒的价格下降到一般人家可以消费。

欧洲殖民者也在热带地区开辟新的种植基地，如法国殖民者于19世纪中叶从印度引种胡椒到越南、柬埔寨等地，直到今天，越南仍然是著名的胡椒产地之一。

20世纪初，中国主要从印度、越南等地进口胡椒，后来政府决定自力更生。1951年和1954年多次从马来西亚和印度尼西亚等地引入胡椒苗木在海南省试种，进行规模化栽培，这里成了中国最主要的胡椒产地。1956年后，广东、云南、广西、福建等地也都陆续试种，有一定产出。

① 杰克·特纳.香料传奇：一部由诱惑衍生的历史[M].周子平,译.北京:生活·读书·新知三联书店,2007:184.

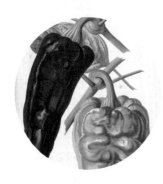

辣椒

"重口味" 的大流行

我在西班牙宗教圣地圣地亚哥 - 德孔波斯特拉（Santiago de Compostela）吃过著名的"炒帕德龙辣椒"（Pimiento de Padron），这是附近的小镇帕德龙出产的一种短小而辛辣的辣椒，比国内常见的长青椒要短许多，还有些褶皱，据说是 18 世纪由西班牙传教士从墨西哥引入的一种相当古老的品种。这种菜的做法比较简单，就是用橄榄油将帕德龙辣椒煎炒到软烂甚至略有些焦黄，撒上海盐，当地人一般是作为肉、海鲜等主菜的配菜。西班牙人虽然算是欧洲人中最爱吃辣椒的，可中国人品尝起来只能说是"不温不火"，西班牙人似乎和意大利人一样主要是从大蒜中获取低烈度的辛辣滋味。

能在西班牙吃到这种"重口味"的菜式让我感到一丝幸福，不由得联想到小时候吃辣椒的场景。我们全家都极爱吃炒辣椒，还会把长辣椒、长茄子切条，用胡麻油炒熟以后搁置 1 小时左右，放凉了夹在刚蒸熟的馒头里吃。现在想来，是油脂和辛辣共同满足了那个匮乏时代的"口腹之欲"。类似的，在我小时候生活的西北小城中，人们早餐爱吃牛肉面，它的魅力在很大程度上来自面汤中浇的那一大勺油泼辣椒面，是油和辣椒刺激人的味蕾、供给充足的油脂，让人的口舌觉得过瘾。

辣椒既是一种蔬菜，也是一种调料。有趣的是，神经科学家研究发现"辣"并不是一种味觉，而是一种痛觉：辣椒所含的辣椒素会刺激口舌表皮的神经受体产生类似接触 43 摄氏度以上高温物体后才会有的灼痛感，这种灼痛带来的痛苦和兴奋才是其魅力所在。因此，辣椒的辣仅仅针对口腔神经，而不像葱、蒜、韭菜、洋葱、辣根、芥末等扩散出的气味会同时对鼻腔产生刺激。

辣椒属包含近 30 种植物，都原产于美洲热带地区，其中最常见的栽培辣椒（*Capsicum annuum*）是 7000 多年前印第安部落在墨西哥东南部开始人工种植的，后来随着早期的贸易路线传播到美洲各地。其他有人工栽培的灌木状辣椒（俗名小米椒，*Capsicum frutescens*）、黄灯笼辣椒（又名黄辣椒，*C. chinense*）也是墨西哥的古代部落驯化的，浆果状辣椒（*C. baccatum*）和绒毛辣椒（*C. pubescens*）则是南美洲安第斯山区的部落最早驯化种植的，种植面积极为有限。其中浆果状辣椒中的一个品种"飞碟椒"（*C. baccatum* 'Bishop's Crown'），因为果实上有突出的角，形状奇特，主要是作为观赏植物栽培。

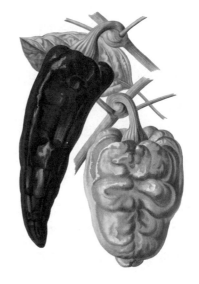

辣椒　手绘图谱　乔吉姆·隆普雷（Paul de Longpré）　1889 年

野生的辣椒发出辛辣味，大概是为了威慑草食动物不要来招惹自己，可人类吃了以后就改造它的习性，培育出更辣的或者不那么辣的来满足自己的口腹之欲。除了吃，玛雅人还用辣椒治疗哮喘、咳嗽，智利的阿兹台克人用辛辣来缓解牙痛。

哥伦布是为了发现欧洲人心目中的香料之国——印度，才出发远航的，可是他最终抵达的是美洲的岛屿和海岸。1492 年 11 月 4 日，他第一次吃红色的小辣椒时还以为这就是印度的一种胡椒，于是就把它也称为"Pepper"（胡椒）。这种混淆至今还影响着欧美人的语言，英文中胡椒、辣椒都可笼统称为"pepper"，除非特别用"hot pepper"或者"chili"才能确认说的是辣椒。跟随哥伦布第二次登陆美洲的查克医生（Diego álvarez Chanca）或许是第一个把墨西哥的辣椒带回西班牙的人，他曾写文章论述其药用效果。

与西班牙竞争的葡萄牙人也很快就见到了辣椒。1497 年，达·伽马发现了从欧洲经过非洲南岸到达印度的航道；1500 年，佩德罗·阿瓦雷斯·卡布拉尔率领 13 艘船前往印度，结果却迷路航行到了今天巴西东部的伯南布科，葡萄牙人在那里第一次见到了辣椒。

从美洲传入西班牙、葡萄牙的辣椒，最初仅仅被当作园林观赏植物和药物，敢于尝试食用的人很少，可是由于容易种植、价格便宜，个别地方的人尝试用辣椒替代价格高的黑胡椒做调料。

辣椒在欧洲各地食谱中占据一席之地的过程非常缓慢。大约到17世纪，辣椒才在非洲流行开来；18世纪，辣椒才在南欧变得普及；1804年，红辣椒才传入英国；而在澳大利亚，辣椒在20世纪末才流行起来。

记得在印度西部的小城果阿吃过著名的红咖喱（Vindaloo），"红"是因为里面加入了大量红辣椒粉，据说这是15世纪末葡萄牙人把辣椒传入印度后，当地人融合咖喱发明出来的。果阿是葡萄牙人在印度西海岸占据的殖民地，至今还有许多葡萄牙人留下的古老建筑和天主教堂，也许辣椒就是从这里落地传到印度各地的吧。印度人本来就喜欢生姜、姜黄这类辛辣香料，新来的辣椒很快就异军突起，成为最受欢迎的调料和主要蔬菜之一，然后又从印度快速传播到中亚、土耳其等地。

1542年，葡萄牙传教士把辣椒引入日本，1552年，葡萄牙传教士巴尔萨泽·加戈在日本九州登陆，为了表达敬意，他将随船的辣椒献给当时领有九州岛丰后国和肥后国的大名大友义镇。当时日本人把葡萄牙人称作"南蛮"，于是就把辣椒称为"南蛮胡椒"。有意思的是，日本人也把辣椒称为"唐辛子"，因为古代日本很多器具、物种源自唐朝，日本习惯在很多外来货前加个"唐"表明其"异国情调"，但未必一定传自中国。后来在万历朝鲜战争（1592—1598年，韩国叫"壬辰倭乱"）期间，日本士兵把辣椒传入朝鲜，朝鲜人称为"倭芥子"，意思是从日本传来的像芥末一样辣的东西，当时士兵主要把它当作药草，认为它可以防治冻伤等，估计还是因为辣椒刺激味蕾以后产生灼热感，让人以为可以防冻。

在辣椒传入中国之前，先秦人对"辛辣"滋味的体验主要来自食

南部的水果 油画 雷诺阿（Pierre Auguste Renoir）1881年 芝加哥艺术学院藏

茱萸、生姜、花椒、肉桂、蓼兰、芥末、葱、蒜、薤头等。其中，生姜和芥末用得最多，先秦人吃肉时多少都要加一点，即《论语·乡党》中所谓"不撤姜，不多食"。在烹制肉菜时，姜常与椒、桂一起使用，如东汉张衡《七辨》所说，要"芳以姜椒，拂以桂兰"。古人把葱、薤的刺激性味道叫作"辛"，而比辛更刺激的就是生姜、肉桂的辣味，因此东汉的《通俗文》解释说"辛甚曰辣"。

西汉时，张骞从西域带回了胡蒜，之后还进口过"胡椒"，后者是古人眼里的高档调味品，受到唐、宋、元几个朝代的崇尚，它和金银财宝一样奢侈。据《新唐书·元载传》记载，曾官至宰相的唐朝大贪官元载被朝廷抄家时，竟然抄出了胡椒 800 石（约 46 吨）。到了明代，大量进口的胡椒成了南北民众日用的寻常调料。

辣椒在明代后期才传入中国。这和当时的外贸局势有关。从 16 世纪 20 年代开始，葡萄牙人就在宁波外海的双屿港（今六横岛）建立了贸易据点，与华商、日本商人、琉球商人开展贸易。当时，葡萄牙人建立了马六甲、双屿岛（闽浙沿海）与日本构成的三角贸易区，他们从马六甲等地运来胡椒、豆蔻等香料，在双屿或者月港与闽浙商人交换丝绸、棉布等商品，然后运往日本销售，换回白银，再到中国买丝绸、棉布、瓷器、茶叶等卖到马六甲。双屿因此变成了一座繁华的海上城镇，十分热闹。可惜明朝廷实行"海禁"，嘉靖二十七年（1548 年）捣毁了双屿岛上的建筑。嘉靖三十六年（1557 年）明朝廷又允许葡萄牙人在澳门建立活动基地，从墨西哥出发的第一艘西班牙商船也在 1565 年抵达了菲律宾，可能是葡萄牙人、西班牙人把辣椒带到中国沿海地区，也有可能是从事海洋贸易的中国商人（尤其是福建商人）把它们从马六甲、菲律宾、日本或者澳门、双屿港带到了浙江。

最早记载辣椒的是在浙江活动的文人。1591 年浙江杭州人高濂出版的《遵生八笺》中说，"番椒"成熟以后像毛笔头，红红的样子颇可观赏，把它当作休闲时欣赏的"瓶花"，可能因为辣椒是从海外传来，又与胡椒一样有辣味可以当调料，所以人们给它起了这个名字。曾在浙江遂昌做知县的汤显祖也见过辣椒，1598 年把它写入了自己的剧本《牡丹亭》中，与其他 37 种花卉并列。康熙乾隆年间，荷兰人把辣椒带到中国台湾种植，而辽宁的辣椒可能是从朝鲜传入的，同期美洲作物烟草也从朝鲜传入了东北，并很快成了流行的嗜好品。

因为江浙物产丰富、调料周备，略带辛辣味的胡椒已经流行多年，所以辣椒并没有作为调料和蔬菜流行起来，开始的时候人们种植它主要是为了观赏。之后辣椒分别沿着长江商贸路线和京杭大运河向西传入湖南、西南各地，向北传入华北。清初的园林著作《花镜》虽然将辣椒作为观赏植物记述，但也提到有人采摘辣椒研磨成粉末代替胡椒调味。

康熙时期，辣椒传入西南，最先开始食用辣椒的是贵州及其相邻地区。缺盐的贵州苗人"用以代盐"来增加口欲刺激；到乾隆年间，与贵州相邻的云南镇雄和贵州东部的湖南辰州府也开始流行。有历史学家考证，这和康乾时期的食盐专卖制度导致盐价较高有关。贫民买不起高价盐，只好以辣椒等便宜的辛辣调料替换调味。

到19世纪初嘉庆年间，贵州、湖南、四川、江西四省已经普遍栽种辣椒。这以后好多到贵州的官员、文士都记载当地人顿顿要吃辣椒，即使不缺油盐的人也喜欢用辣椒提味，像当地盛行的"包谷饭"，便是用水泡盐块加海椒做蘸水，有点像今天四川富顺豆花的海椒蘸水。

四川人爱吃辣，可能和清初"湖广填四川"的大规模移民有关。四川本土的饮食风尚，据西汉扬雄写的《蜀都赋》记载是注重甘甜口味，这或许是因为蜀地较早就从天竺学会了制作蔗糖的技术，从汉代到宋代一直是糖业中心，当地糖价比较低。1600多年前的东晋人写的《华阳国志》记载，蜀人"尚滋味，好辛香"。但是，南宋末年元军进攻巴蜀、明末张献忠、清军入川都曾造成人口锐减，之后入川的移民带来了新的饮食风尚。如清初"湖广填四川"时，湖南中南部的宝庆府民众大量移居到四川，而这一带人恰恰爱吃辣椒，据康熙二十三年（1684年）出版的《宝庆府志》和辖区邵阳县的县志记载，宝庆府流行辣椒，这些地方的人迁移到四川以后也大量栽种辣椒、食用辣椒，渐渐就把这一嗜好传开了。

爱吃重口味菜品者大多是买不起新鲜肉食的低收入者，尤其是船夫、伙夫、山区农民之类的劳力阶层，饭菜更倾向使用味道刺激、价格低廉的某一两种调味品，辣椒恰好满足了这种需求，因此嘉庆道光时期出现了热油海椒、海椒面、回锅肉等大量用辣椒的四川地方食物。当然，这些辣口味的菜品都是穷苦人乃至一般人家吃的东西，官僚富户吃的高档菜品并不如此辛辣。直到抗战时期，旅居重庆的张恨水还记录说："至于饭必备椒属，此为普遍现象……惟川人正式宴客，则辣品不上席。"[①]

针对中国最嗜辣的几个省份，当代人总结了"四川人不怕辣，贵州人辣不怕，湖南人怕不辣，湖北人不辣怕"的说法，由于这几个地方在地理环境上都是温湿之地，因此有人以为人们吃辣椒是为了散寒除湿。也有人从"经济因素"解释辣椒流行的原因，认为清代中期贵州、云南、四川等地穷苦阶层因为食盐短缺、盐价太高等原因才改用辣椒作为主要调味品，之后则变成了地方性的文化习俗和口味习惯。

辣椒之所以能流行，和它的植物特性有关。首先，这种植物的适应性极强，对日照长短、土壤肥瘠、气候冷热都没有太多特殊要求，容易种，容易活，全国各地都可以生长，所以民国以来已经成为全国各地的常见蔬菜；其次，摘取的辣椒经过干制和腌制以后可以长期保存，供全年食用，对穷人来说简单方便。

到 1990 年以后，川菜红遍大江南北，辣椒翻滚在麻辣火锅、水煮鱼里，湘菜、云南菜、贵州菜也联袂而来，俘虏了众多人的味蕾，号称当代饮食潮流中的"红色革命"，任何辛香料都无法与之抗衡。麻辣烫、麻辣火锅、麻辣香锅、变态辣鸡翅在 20 世纪和 21 世纪初曾盛行一时，一段时间内尝试"变态辣烧烤"甚至成了朋友聚餐的一个理由。

各种辣味食品为什么能如此流行？这是多种因素促成的。有人认为和 20 世纪 80 年代四川私营餐馆兴盛有关，川菜餐馆和厨师在 20 世纪 90 年代率先输往全国各地，各种擅长辣口味菜式做法的小餐馆在全国遍地开花，带去了吃辣的风气；也有人认为这和 20 世纪 90 年代市场经济下人们的生活节奏显著加快有关，无论对餐馆还是个人，制作辣口味菜蔬的技术更低一些，大多是用油、辛辣调料制作，用时短、效率高；当然，也有人认为和经济因素关系更密切，许多川菜多采用常见食材而且对新鲜程度要求不高，价格较低，价位、口味适合大众餐饮需求，这是它流行的主要原因；还有人认为吃辣椒可以给人强烈的刺激，虽然辣会让神经发出减少继续吃辣椒的命令，可另一方面辣椒素却能刺激体内生热系统，

---

① 曾智中，尤德彦. 张恨水说重庆 [M]. 成都：四川文艺出版社，2007：44-45.

加快新陈代谢消耗能量，促进唾液分泌和肠道蠕动，让人进食更多，这就是它能开胃的秘密。美国心理学家保罗·罗津认为，辣椒带来的痛苦会促进内源性阿片肽的分泌，反复接触辣椒会加快这种化学止痛剂的释放，给人带来快感。辣椒之所以能部分替代盐，是因为辣椒素激活的脑部区域与盐激活的脑部区域是一样的，辣椒素可以通过改变咸味信息的神经反应来降低对盐的需求，也就是说，辣可以"骗"大脑让它以为自己在吃盐。

灼热味蕾上的辣椒碎片，似乎是中国人在匮乏年代长期平淡食欲的一次大反扑。从 20 世纪 90 年代到现在风行了 30 多年，中国消费的辣椒也占到了世界产量的近一半，辣椒已经稳稳地成了每个中式餐馆的必备调料之一。当然，大城市中的饮食风尚容易变迁，经过多年来大鱼大肉、大咸大辣的浸润，近年来，各种菜系都各有追捧者，重口味的川湘菜、辣火锅似乎也没有从前那样火爆了。

芥末

水引出来的泪

　　芥末是我在印度旅行时常吃的调料，许多咖喱中都有芥末，可芥末为什么辛辣，我那时候并不清楚。后来在曼谷的一个书店里翻到一本食谱，才了解到两则有趣的知识：首先，干燥的芥末本身没有味道，也不辣，加水润湿后，其中含有的芥子硫苷和芥子酶发生水解反应，生成辛辣的异硫氰酸酯，对味觉、嗅觉均有强烈刺激，吃多了就会"催人泪下"；其次，芥末并非来自一种植物，十字花科的好几种植物如芥菜（*Brassica juncea*）、芥蓝（*Brassica oleracea*）、黑芥（*Brassica*

芥菜　手绘图谱　乔治·克里斯钦·欧德（Georg Christian Oeder）等《丹麦植物志》（*Flora Danica*）1761—1883 年

白芥　手绘图谱　弗兰兹·尤金·科勒（Franz Eugen Kohler）1890 年

nigra）、白芥（*Brassica alba*）的成熟种子碾磨成粉状调料，都可以做出"芥末"。

芥菜、白芥的黄色种子研磨出的黄芥末在中国最为常见，辛辣味相对温和芳香，主要在东亚和南欧使用；黑芥的黑褐色种子磨成的黑芥末一般味道较辛辣刺激，在非洲、南亚使用较多，在印度、尼泊尔等山区是主要的香料，各种肉食、咖喱中常能尝到芥末的味道。

各种带有"芥"的蔬菜的演化也颇为有趣和复杂。之前很多农学家以为芥菜是中国人最早种植的植物，但当代分子生物学研究认为芸薹属植物的原产地是地中海地区，并且数百万年前就已经自然分化出黑芥、芥蓝、芸薹（*Brassica rapa*）这3大基本种，它们之间又杂交出各种亚种、变种。比如芥菜是黑芥和芸薹的杂交品种，它们最早被地中海沿岸国家栽培，然后向四周传播，在传播中，

黑芥 手绘图谱 乔治·克里斯钦·欧德（Georg Christian Oeder）等《丹麦植物志》（*Flora Danica*）1761—1883年

芥蓝 手绘图谱 乔治·克里斯钦·欧德（Georg Christian Oeder）等《丹麦植物志》（*Flora Danica*）1761—1883年

这些基本种、杂交种也会继续杂交，它们彼此还有相似之处，这就让分辨它们的传播路径变得困难起来。

欧洲人在新石器时代已经采集使用芥菜籽，最开始将其用于祭祀仪式，也常把芥菜籽当作药物，用来治疗牙疼等一系列疾病。芥菜籽一直是欧洲人最常用的香料之一，古罗马贵族把芥菜籽研磨后与酒混合成酱，后来还有了用原粒芥菜籽加醋研磨制酱的做法。

因为种子容易携带，适应性强，在亚欧大陆草原上移动的游牧部落应该早在几千年前就把上述植物的种子传播开来。1950年，在陕西省西安市半坡村仰韶文化遗址曾出土一个开口很小的小陶罐，罐内盛炭化了的菜籽，经鉴定可能是芜菁或芥菜的种子。菜籽装在不易取出的小陶罐里，可能是六七千年前的古人供来年种植或者用于祭祀仪式的。

先秦人记载了一种叫作"芥"的香辛调料，如《礼记·内则》曰："脍，春用葱，秋用芥。"[①] 指秋天时把生鱼片蘸着芥末吃。西汉末刘向在《别录》中的《尹都尉书》中记录了种芥的方法，可见那时候已经有人种植，东汉《四时月令》也提到其栽培方法。

实际上，芸薹属的很多植物的种子都有香辛味道，因此古人所说的"芥"也许是黑芥、芸薹、芜菁、芥菜的一种或多种。那时候，人们除了使用它的种子，也发现这种"芥"的叶子可以食用。汉朝刘向《别录》记述了当时尹姓都尉所著有关蔬菜种植的书中就有芥菜。三国时魏人所著《吴氏本草》第一次出现"蜀芥"的名称，这或许是一种与当时中原已有的芥菜不同的、种子较大的芥菜品种。

魏晋南北朝时期，大量佛经翻译过来后，芥子在文化上也被赋予了意义。古印度人喜欢拿芥子之类比喻，如《维摩经》中有"须弥芥子，可纳大千世界"之说，以极微小的"芥子"和印度神话中极巨大的须弥山为喻，说明诸相皆非真实，巨细可以相容，以此劝世人不要执着于眼前色相名利。此后芥子也成了中国文化中的一个典故，诗人学者常常提及。

当时还曾流行斗鸡，有些人喜欢给鸡翅膀撒上芥末粉，来刺激本方的斗鸡或

---

① 孙希旦.论语集解[M].沈啸寰，王星贤，点校.北京：中华书局，1989：748-749.

者让对方的斗鸡流泪，著名的文人刘孝威写的《斗鸡篇》就提到这一点：

> 丹鸡翠翼张，妒敌复专场。
>
> 翅中含芥粉，距外耀金芒。
>
> 气逾上党烈，名贵下鞲良。
>
> 祭桥愁魏后，食蹠忌齐王。
>
> 愿赐淮南药，一使云间翔。

到唐代，苏恭《唐本草》记载当时有 3 种"芥"："叶大子粗者，叶可食，子入药用；叶小子细者，叶不堪食，子但作齑耳；又有白芥，子粗大白色，如白粱米，旧云从西域来，又云生河东。"我怀疑所谓"叶小子细"的"芥"可能是最早传入中原地区的，先秦古部落主要利用它的种子调味或者用于宗教祭祀；"叶大子粗者"应该是我们今天常见的芥菜（*Brassica juncea*）的一种；所谓"蜀芥"则可能是印度传入四川的一种新芥菜，很可能就是今天我们所说的大头菜，有较大的可食用的根部，现在主要用来制作咸菜、榨菜。

芥末在宋代已经是广泛使用的辣味调料，孟元老所著《东京梦华录》说的"辣菜"、浦江吴氏的《中馈录》里说的"芥辣"应该都是指用芥末调味的小菜。南宋诗人杨万里还特地写过关于芥末的诗歌《芥齑》：

> 茈姜馨辣最佳蔬，孙芥芳辛不让渠。
>
> 蟹眼嫩汤微熟了，鹅儿新酒未醒初。
>
> 枨香醋酽作三友，露叶霜芽知几锄。
>
> 自笑枯肠成破瓮，一生只解贮寒菹。

最早人们重视芥有香味的种子，后来则关注其叶子和根部，人工栽培的芥菜向不同方向选育发展，逐渐演化出以叶为产品的大叶芥、花叶芥、宽柄芥、结球芥、卷心芥、长柄芥、分蘖芥、叶瘤芥、小叶芥、白花芥、凤尾芥等变种，俗称雪里蕻，可制成咸菜、霉干菜等；以茎为产品的有茎瘤芥（榨菜）、笋子芥、抱子芥等变种；以花薹为产品的薹芥变种；以肥大直根为产品的根用芥（大头菜），可制作榨菜。

芥菜生命力强，播种后很快就能长出一片翠绿的秧苗，是人们喜欢的常见蔬菜，遍布南北各地。明末清初辣椒没有传入之前，芥菜的根部、芥菜的种子和生姜粉、食茱萸曾经是古代中国辛辣味道的主要提供者。《东京梦华录》提到当时北宋首都汴梁出售"辣脚子"这类腌制的芥菜疙瘩，一直发展到今天还是很多地方流行的腌菜。

大蒜

渗入血液的"社交炸弹"

　　印度人爱吃咖喱、洋葱、大蒜，许多餐馆里都有浓厚的咖喱味，可最让我受不了的是一些小饭馆里飘荡的蒜味，似乎要熏染每个食客的全身。大蒜的味道太有穿透力，不仅仅口中散发味道，它里面含有的烯丙基甲基硫醚进入到血液中，通过皮肤毛孔渗出气味，会让人的汗水也散发出一股味道。吃一次大蒜要一两天才能散去味道，这对今天社交活动多的人来说几乎无法接受。吃过生蒜的人都可以算是一颗"社交炸弹"吧。

　　"合适""合理""合礼"是文化上的度量，依赖于当事人生活的社会群体习惯。比如我小时候对大蒜的味道并不敏感，那时候西北小城中人吃牛肉拉面，多数人还会剥几颗生蒜头吃，牛肉面里的油泼辣椒、生蒜中含有的大量大蒜素都会让人的口舌、肠胃产生"热辣"的刺激感，常常看见人们满头大汗地从面馆中出来去办公室、学校，其他人对此也习以为常，并不会反感。

　　大蒜（*Allium sativum*），别名有胡蒜（崔豹《古今注》）、大蒜头等。野生大蒜原产于中亚，至少 7000 年前人们已经采集食用野生大蒜。最早进行人工栽培的是中亚的部落，然后沿着草原之路向西传播到西亚、古埃及、古罗马、古希腊等地中海沿岸国家，向东传播到东亚。

　　4000 多年前，吉萨金字塔修建的时

蒜　手绘图谱　皮埃尔 – 约瑟夫·雷杜德（Pierre-Joseph Redouté） 1805 年

带野味、洋葱、大蒜和陶器的静物　油画　路易斯·欧热尼奥·梅伦德斯（Luis Egidio Melendez）　18 世纪后期　马德里普拉多博物馆藏

候，埃及人就种植大蒜，《圣经》和古犹太文献《塔木德》、古希腊人都提到过大蒜。当时这是水手、士兵和农民爱吃的蔬菜，贵族则嫌弃它浓重的味道。相传古埃及人在修金字塔的民工饮食中每天必加大蒜，用于增加力气，预防疾病。民工们有段时间因大蒜供应中断而罢工，直到法老用重金买来大蒜才复工。古罗马博物学家普林尼记录说罗马人用大蒜做药物治疗 61 种疾病。古印度人 3000 多年前就经常吃大蒜，认为可以增进智力，使人们声音保持洪亮，印度古代医学创始人查拉克说："大蒜除了讨厌的气味之外，其实际价值比黄金还高。"

中世纪的欧洲人认为它有预防疾病的效用，甚至中欧民间相信它可以对抗恶魔、狼人和吸血鬼，所以人们常把大蒜挂在窗口，用它擦烟囱和锁孔来辟邪。南欧人、中欧人至今还常用大蒜调味，制作大蒜面包、三明治等。

在南欧，大蒜是重要的调味品，人们一般会吃蒜末，还有用大蒜、香芹、柠檬或醋、橄榄油制作意大利清酱（green sauce），配面包或菜品吃。实际上，

鱼 浮世绘 歌川广重 1832—1833 年

12—14 世纪，这种绿色清酱是整个欧洲上流社会流行的酱料，并传播到奥斯曼土耳其统治的地区。意大利人爱吃大蒜也引起过非议，尤其是注重礼仪的英国贵族们。1818 年雪莱（Shelley）就曾在那不勒斯感叹"世上有两个意大利……一个是人类所能设想的最崇高、最引人思慕的；另一个则是最堕落、最令人厌恶和令人作呕的。了解这一点的话，你会如何作想：有地位的年轻女性竟然吃——你猜怎么着——大蒜！"[①]

　　大蒜既然产于中亚，传入临近的新疆地区的时间应该非常早，传播到中原地区至少可以追溯到东汉。崔实所著《东观汉记》中说，东汉章帝（76—88 年）时李恂由西北调到山东任兖州刺史，带了一些"胡蒜"种在官府后园，收获以后分赠给下属，估计那以后大蒜就在山东传开了。因其出身"胡地"，故称"胡蒜"。大蒜刚传入中国时也作为药物使用，如唐代的《本草拾遗》声称大蒜可以治疗水恶瘴气、风湿、烂癣痹等疾病。

---

① 伊恩·克罗夫顿.我们曾吃过一切 [M].徐湘，译.北京：清华大学出版社，2017：150.

在形体上，"胡蒜"与当时中国黄河流域已有栽培的单瓣大蒜"卵蒜"有大小之别，故"胡蒜"也称为"大蒜"，"卵蒜"也就相对地被称为"小蒜"。这种小个头的"卵蒜"可能起源于云南省，据《礼记》《尔雅》《古今注》《说文》等古文献记载，周代中原已种植"卵蒜"。因比小蒜的产量高、蒜头大、味道烈，大蒜逐渐传播到全国各地种植，但"卵蒜"也依旧继续有人栽培。东汉的《四民月令》中就有关于在什么节气适合播种、收获小蒜、大蒜的记载。千余年后，山东人王祯写的《农书》说仍然有农家种小蒜。

值得关注的是，南宋时期，苏州人范成大在四川为官时，见到"巴蜀人好食生蒜，臭不可近"，于是他写了一首诗《巴蜀人好食生蒜，臭不可近。顷在峤南，其人好食槟榔合蛎灰。扶留藤，一名蒌藤，食之辄昏然，已而醒快。三物合和，唾如脓血可厌。今来蜀道，又为食蒜者所薰，戏题》，觉得巴蜀人吃胡蒜和岭南人吃槟榔都是怪异口味，还是自己家乡的莼菜好吃：

旅食谙殊俗，堆盘骇异闻。
南餐灰荐蛎，巴馔菜先荤，
幸脱蒌藤醉，还遭胡蒜薰。
丝莼乡味好，归梦水连云。

四川人爱吃大蒜、花椒、辣椒，以前传统的解释是为了对抗那里的湿气。但现在看可能和经济、文化因素相关性更大，比如因为食材不易保存，需要用香料掩盖变质、粗粝食材的味道等；也可能是下层人民缺少可口的肉、菜和调料，只能大量使用几种便宜的重口味材料加工单调的食材；另外，从生理上来说，辛辣食物对人的神经刺激强度更大，让人在进食时更加兴奋，吃得更多，有助于形成更亲密的聚餐氛围。或许是这几个因素一起发挥了作用，让大蒜在西南、西北地区成了主要的调料。

中国是世界上大蒜栽培面积最大和产量最多的国家，也是最爱吃大蒜的国度。其他地区如亚洲人、北非人和南欧人也多是大蒜爱好者，不仅仅用大蒜粉、大蒜粒调味，有时还直接把大蒜烤、煮、炒了吃。

丁香

舌头上的奢侈品

　　紫丁香是北方常见的观赏花木，在五六月间开花。淡紫色的微型喇叭花长在枝头，花虽细小，但一团团、一簇簇地占满全株，丰满而艳丽，散发出阵阵诱人清香。紫丁香的花虽小，树干却可以长到四五米高，小花汇到一起堪称繁茂。紫丁香的学名是华北丁香（*Syringa oblata*），是木樨科丁香属的花木。之所以称为"丁香"，是因为唐朝人在庭院中欣赏这种花木时，觉得这种新流行的本土观赏花木的花朵细小如丁、散发香气，和进口的香料"丁香"在形、味上有类似之处，就命名为"丁香树"。这当然是好意，等于是让寻常花木攀上进口奢侈品的名号，容易让人记住这个名字。

　　紫丁香花没开放的时候纤小的花蕾密布枝头，给人以欲放未尽之感。不知道哪个细心的诗人首先发现它细长的枝条常常纠结在一起，所以古人常用丁香花含苞不放来比喻愁思郁结，最著名的是李商隐的诗《代赠二首·其一》：

> 楼上黄昏欲望休，玉梯横绝月中钩。
>
> 芭蕉不展丁香结，同向春风各自愁。

　　"丁香结"的幽怨结名声就这么流传下来了，甚至到了民国，诗人戴望舒还在写"一个丁香一样地，结着愁怨的姑娘"。

　　在李商隐写出这首幽怨诗的前几百年，东汉魏晋时代，中国人迷恋的是作为香料的"丁子香"或者说"鸡舌香"，当代人称这种香料植物为"洋丁香"（*Syzygium aromaticum*，英文名：Clove），在植物分类学上属于桃金娘科蒲桃属。它未开的花苞香气浓郁，可以用来提取芳香油，制作各种精油、香水。今天香奈儿的可可（Coco）、圣罗兰的"鸦片"（Opium）等经典香水里就含有它的成分。

汉代以前，中国人使用的香料基本是土产的香草，比如点燃蕙草（茅香）散发香味，最迟在春秋时期便为人所知，汉代高官显贵普遍爱好香烟袅袅的氛围，甚至还给衣服熏上馥郁的芬芳。到汉武帝的时候，他一边向西派遣张骞出使西域，一边向南派兵到华南、越南一带，和海外的交流因此频繁起来，宫廷与贵族的楼阁开始散发出异国来的龙脑香、鸡舌香的芬芳。

鸡舌香是洋丁香树的果实，小如鸡的舌头，含在嘴里可以令口气芳香。不过当时这种香料比较少见，因为汉桓帝有一次嫌给自己当侍中的刁存年

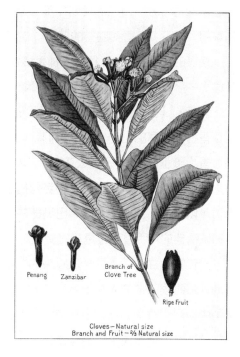

丁香 手绘图谱　麦克尼科公司（McCormick and company）　1915 年

老口臭，命人赐给他一块鸡舌香含在口中，刁存没见过这种东西，只觉口里一阵辛辣，还以为犯了什么事皇帝赐他毒药，就战战兢兢含着这块鸡舌香退朝，吐出来带回家和亲人诀别，闹了个大笑话。

三国时期，曹操曾给蜀汉丞相诸葛亮赠送了 5 斤鸡舌香，大概是觉得诸葛亮能言善辩需要润喉。曹操自己对香料的态度也挺有趣，他早年曾以天下没有安定、民众生活困苦为由数次下令禁止家人烧、熏进口昂贵香料，只允许为了改善居室的味道烧枫胶、蕙草这类低价香料。年老以后，位高权重的魏王曹操就放松了对自家的要求，他在建安十八年（213 年）把 3 个女儿同时嫁给汉献帝，女儿们在宫中可以享用进口树脂香料，曹操就向汉献帝宫廷进献纯金香炉、纯银香炉、铜香炉等熏香器具[①]。曹操临死前留下遗嘱，叮嘱儿子要从简安葬自己，让儿子把自

① 温翠芳 . 中古中国外来香药研究 [M]. 北京：科学出版社，2016：89.

己遗留的香料分给自己的妻妾，不必用于葬礼焚烧，还告诉妻妾闲时可以制鞋补贴家用，留下"分香卖履"的典故。这说明他的住宅中应该积存了不少香料。

曹操的儿子曹丕、曹植两人都是爱香之人。曹植喜欢佩戴各种香料，曾在《妾薄命》中描摹一位贵妇使用鸡舌、霍纳、都梁等当时罕见的珍贵香料。

北魏的《齐民要术》说"鸡舌香俗人以其似丁子，故呼为丁子香"，这大概是丁香名字最早的出处，后来人们就把洋丁香的果实、丁香的干燥花蕾分别称为鸡舌香（母丁香）、丁香（公丁香）。南北朝志怪小说集《幽明录》还记载过一则有关鸡舌香的鬼故事，说有个小吏勾搭上一位神秘女子，有一天他感叹也想有鸡舌香可以口含，那女子立刻掏出满把的鸡舌香给他含，可这女子实际上是成精的老獭，给他的鸡舌香不过是臭獭粪。可见当时的人很稀罕这种香料。

唐代有人提到丁香是从爪哇来的，事实上，爪哇仅仅是贸易中转站而不是出产地，那时候阿拉伯人、华人和爪哇人都有参与香料生意。唐以后中国人逐渐在烹调中使用丁香来调味，中医则把它入药，用于治疗毒肿、恶气。唐末以后丁香不常单独作为熏香使用，多是作为配料出现，如宋代洪刍在《香谱》中提到五代时西蜀的"蜀王熏御衣法"制法是："丁香、馥香、沉香、檀香、麝香，以上各一两，甲香三两，制如常法，右件香捣为末，用白沙蜜轻炼过，不得热用，合和令匀，入用之。"[①]

中国古代王朝常通过朝贡交换、海陆商业交易方式从阿拉伯、东南亚进口香料，香料进口规模在唐代前期有爆炸式的增长，这是当时皇室和权贵的奢靡消费引来的新因素，但是似乎并没有对中国庞大的农业经济造成多大冲击，而在欧洲，这种新奇的东西掀起了巨大的波澜，成为文艺复兴、地理大发现等关键事件的背景。

洋丁香的原产地是印度尼西亚的班达群岛（Banda archipelago）和马鲁古群岛（Maluku），后来才传入世界各热带地区，尤其是在东南亚和印度广泛种植。我在印度南部的喀拉拉邦参观过这种丁香树，要比中国人用来观赏的紫丁香长得高大，有的足有10多米，四季常绿。它不像中国的紫丁香在春季开花，而是在夏天开花，结出的小花开始是白色，逐渐变成绿色，最后转为红色，用手掰开红

---

① 刘幼生.香学汇典 [M].太原：三晋出版社，2014：41.

棕色的短棒状花蕾能看到中央的花柱，用指甲划能见到油质渗出，马上涌出更为强烈的香味。丁香种后 4 年即可开花结果，但是产量到第 20 年以后才达最高，工人等花蕾从青色转为鲜红色时将花蕾采集下来，除去花梗，每株丁香树平均能摘下干花蕾 30 多千克，可以制成香料或者晒干后蒸馏出香精油使用。直到现在，丁香香料还是印度人烹调中用的咖喱粉的原料之一，在好多菜肴里都能尝出它的味道。

丁香贸易比人们之前认为的要早得多，5000 多年前东南亚出产的肉桂、胡椒、丁香可能已经被运到中东地区消费。人们在叙利亚出土的一个陶罐中发现了公元前 1721 年的丁香，应该是沿着马鲁古群岛、印度西南海岸、波斯湾、幼发拉底河谷再传入巴比伦等地区的。

公元初年，印度医学典籍《卡拉克选集》(*Caraka collection*)记载，印度贵族清新口气的香料包括肉豆蔻、丁香、黄葵，槟榔果、荜澄茄、新鲜的蒌叶树叶、樟脑和绿豆蔻等，其中丁香、樟脑等来自东南亚。丁香也被古印度人当作治疗呕吐、咳嗽、口腔炎症的药物。

东南亚的香料跨越波涛险恶的大海进入南亚海岸城镇，之后和印度的香料一起转运往红海、地中海沿岸。古罗马作家老普林尼提到过，丁香是比胡椒更大、更脆的香料，罗马人和希腊人把它用于调味和治病，但并没有胡椒那样流行。中世纪的时候，一些欧洲人还会把丁香插在柑橘上，用丝带吊挂在衣橱内以熏香衣物。

从罗马帝国时代开始，丁香、黑胡椒、肉桂、豆蔻等东方的香料就主宰着欧洲各地权贵的口味。除了烹调，香料也被用来制作春药、滋补剂。8 世纪到 11 世纪初，阿拉伯人和印度古吉拉特邦的商人控制了南亚的香料贸易，而犹太商人、威尼斯人则从中东采购香料带到欧洲出售。可以想象一下，如果阿拉伯人从印度尼西亚群岛、印度寻找到香料，全程由驼队越过沙漠险山走到伊斯坦布尔，可能需要好几个月到一年时间，这并不合算。因此，这个时候的香料贸易很多是中短途的商人在这条商业路线的各个中转城市之间奔忙，绝大多数物资经过多方转手才能到达欧洲。

即便是中东的阿拉伯商人也未必都清楚香料的来源，不管是出于保密还是为了增加这种商品的"文化附加值"，从香料贸易中得到最大利益的阿拉伯商人

荷兰东印度公司商船抵达印度南海岸　插图　亨德里克·科内利斯（Hendrick Cornelis）
1600 年

发挥想象力，在诸如《一千零一夜》等书籍中给货品编撰出各种离奇故事，比如
说生姜和桂皮是埃及渔夫从尼罗河打捞上来的天赐神物。

　　中世纪前期，阿拉伯人并不清楚丁香的具体产地，如 11 世纪的作家瓦西夫
沙（Ibrahim bin Wasif-Shan）根据商人的描述记载宣称印度附近的某个岛屿上有
个"丁香谷"出产这种香料，商人们到达这里后会用"沉默交易"的方式获得丁香：
先把自己带来的布匹、食盐一类货物放在海边，然后回到船上，第二天早晨去原
地会发现那里以长发、黄衣为特征的部落成员已经拿走那些货物并留下了作为交
换的丁香堆[①]。

　　可是，到 13 世纪，蒙古人和奥斯曼土耳其人的统治切断了传统的陆路商贸
路线，海上贸易兴起，威尼斯人通过控制地中海到亚历山大港的航路，逐渐垄断
了欧洲的香料贸易，这也是成为意大利各城邦文艺复兴的财富基础。因为路途遥
远，欧洲人对于东方出产香料和黄金的国度有许多遐想，比如马可·波罗的游记
中称为"黄金国"（El Dorado）的地方就让探险家们羡慕不已，他们决心游说西
欧沿海国家的帝王权贵的支持，去寻找避开奥斯曼土耳其控制的商路以外的新航
路，以前往东方获取香料、金银。

　　15 世纪末，西班牙、葡萄牙的国王资助哥伦布、达·伽马远航的主要目标就

----

① 安德鲁·达尔比.危险的味道：香料的历史 [M].李蔚虹，赵凤军，姜竹清，译.天津：百花文艺出
　　版社，2004：76.

是寻找通往东方香料之国的新路线，所以当经历了重重艰险登陆新大陆时，哥伦布相信自己发现的是出产香料的"印度"群岛（实际是美洲），于是向赞助者们描绘在那里发现的种种"香料树"。向另一个方向远航的达·伽马船队比较幸运，他们成功抵达了印度，并在 16 世纪统治了从印度西海岸、东南亚到欧洲的海上香料贸易路线。

之后荷兰人开始紧追不舍，1600 年荷兰与马鲁古群岛最大的安汶岛（Ambon）的领主签约，逐渐取得香料的专卖权，有了"海上马车夫"的绰号。荷兰东印度公司为了垄断丁香贸易，甚至拔掉除安汶岛和特尔纳特（Ternate）岛以外其他岛屿上的丁香树来保证自己的丁香园获得最大利益，私自种植丁香树会被判死刑。17 世纪初期，从香料群岛采购一船香料，只需 3000 英镑左右，而运到英国市场的售价是 36 000 多英镑。

1700 年以后，荷兰从香料贸易中的获利逐渐下降，部分原因是，当时的欧洲，鲜肉已可以整年供应，用香料腌制肉品的需求大为下降，同时其他热带地区

马鲁古群岛首府安汶鸟瞰图　插图　安德鲁斯·霍格鲍姆（Andries Hogeboom）　1693 年

也已经开始栽种丁香。1770 年，法国驻毛里求斯的总督皮埃尔·坡瓦（Pierre Poivre）派出两艘快速帆船到摩鹿加群岛，在荷兰人眼皮下走私香料植物植株。他们买到了 20 000 株肉豆蔻幼苗和 300 株丁香幼苗并带到非洲东岸的岛屿上种植，几年后少数苗木成活并有了收获。18 世纪末到 19 世纪初，英国两度占领摩鹿加，并把当地的香料树移植到新加坡和槟榔屿，后又在英属东非殖民地广泛种植香料植物，供应增加而需求相对减少，香料贸易的重要性自然就不复从前。

　　全球贸易和技术进步带来高速交通、保鲜技术、食物消费的多样化，让香料变成了寻常商品，不再像以前那样神秘和昂贵。今天，人们主要使用丁香制作甜点、调酒或者作为煮、烤肉类的调味料，当然，也有一些比较特殊的应用，比如印度尼西亚人还把丁香掺入烟叶中制作著名的"丁香香烟"。在烹调中，因为粉状丁香的香味极易氧化散失，不易保存，因此现在的丁香常常是整粒出售，用的时候再研磨即可。

荷兰东印度公司在阿姆斯特丹的泊位　插图　约瑟·姆德（Joseph Mulder）　1726 年

肉桂

物之美者

　　"桂"在中国文化里的含义有着曲折的演变过程，东晋以前文献里提到的"桂"，指的是现代植物学定义的"中国肉桂"或"锡兰肉桂"，其树皮干燥以后是重要的香料；南北朝以后，江南常见的木樨科植物——桂花树才逐渐出名，成了唐宋以来最为人所知的"桂树"，树上带有香味的小花朵也是一种地方性的香料，人们用它泡茶或者点缀糕点。

　　肉桂是中国人最早认知的香料之一。战国时期《山海经·南山经》《吕氏春秋》都提及，南方的"招摇之山"（后世推测，这指的是广西桂林一带）出产滋味美好的"桂"。《楚辞·九歌》中也有"蕙肴蒸兮兰藉，奠桂酒兮椒浆"等写实性描写，说楚国贵族把肉桂调入米酒、把花椒调入米浆中进献神灵，当时的宫廷还用肉桂一类香料熏染国王出行时的旗帜。楚国靠近广西，容易获取大量的肉桂皮。这些文献中作香料的"桂"应该都是指中国肉桂（*Cinnamomum cassia*），又名牡桂、玉桂、椒桂，主要分布在广西等地，夏季开小白花，花瓣 6 片，树皮叫桂皮，嫩枝叫桂枝，是常见的药材、香料和调料。

　　后来秦始皇派军队占领广西的一大目的或许就是为了获得带有香辛味的肉桂，他把这里命名为"桂林郡"，至今桂林附近地区还以出产肉桂出名。《南方草木状》中提到汉朝曾

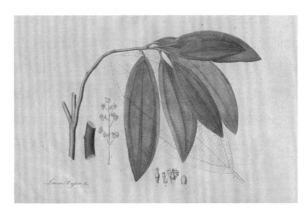

中国肉桂　手绘图谱　亨利（A. Henry）　1828—1833 年

在交趾（今越南北部）设置"桂园"，这应该是专门供应皇室的肉桂林。对当地人来说，肉桂的皮是可供出口的商品，人们把肉桂树上的皮和枝条剥下来，去除外层的软木质并晾干，卷曲成卷，卖给各地的商人，辗转运到更远处的城镇出售。

汉武帝是个喜欢新奇事物的皇帝，按照司马相如《上林赋》和葛洪《西京杂记》的记载，汉武帝修建上林苑后，让群臣进献了众多奇花异木运到那里栽种，其中就包括肉桂树，在长安的气候条件下估计这种亚热带树种活不长久。汉武帝如此热心引种肉桂树，应该和他崇信方士有关。方士视桂树为神仙之树，宣称服用肉桂可以帮助人长生不老，用桂皮粉涂饰的带香味的建筑可以吸引神仙下凡。方士公孙卿忽悠汉武帝说，仙人来的时候行迹飘忽，要修建宾馆引他们下凡。于是汉武帝下令在皇宫修建了一座迎神的宫殿——"桂馆"和"桂台"，更在昆明池中的小洲上以桂木为柱修筑了一座水上宫室灵波殿，供方士在其中举行仪式迎候神仙，每当风吹过时，这座建筑就会散发出芳香。

西汉刘安《淮南子》一书中有"月中有桂树"的说法，后来演变成唐代人段成式在《酉阳杂俎·天咫》中记载的吴刚伐桂传说。"旧言月中有桂，有蟾蜍。故异书言：月桂高五百丈，下有一人常斫之，树创随合。人姓吴，名刚，西河人，学仙，有过，谪令伐树。"[1] 东汉的方士认为多吃肉桂能够让身体变轻，飞升上天，刘向《列仙传》就讲述了象林人"桂父"吃桂子成仙的故事，这则传说显然是以有肉桂和大象的广西、交趾（今越南北部）等地为背景的。

晋武帝司马炎在朝堂欢送即将担任雍州刺史的官员郄诜时，随口问他自以为是何等人物，郄诜毫不谦虚地说当年朝廷征选"贤良直言"时自己获得第一名，自然犹如"桂林之一枝，昆山之片玉"[2]，可以和当代贤士名流并列。这段话把肉桂和昆仑山的珍贵玉石并列，可见肉桂这种香料很受重视。

肉桂除了给食物调味，流传最久远的就是调制"桂酒"，从屈原到清代都有许多诗人提及，其中写得最雅致的是南朝时的《子夜四时歌》：

---

① 许逸民.酉阳杂俎校笺 [M].北京：中华书局，2015：84.
② 房玄龄，等.晋书 [M].北京：中华书局，1974：1443-1444.

> 碧楼冥初月，罗绮垂新风。
>
> 含春未及歌，桂酒发清容。

古人使用的肉桂包括广西桂林、越南等地盛产的西贡肉桂（又名中国肉桂）、印度的柴桂以及斯里兰卡所产的锡兰肉桂，但是人们常常并不详细区分。锡兰肉桂或许在晋代曾通过四川传入过中原，如西晋官员孙楚列举当时的美食时曾说"茱萸出芳树颠，鲤鱼出洛水泉。白盐出河东，美豉出鲁渊。姜桂茶荈出巴蜀。椒橘木兰出高山。蓼苏出沟渠，精稗出中田"[①]，他认为巴蜀的特产就是姜、肉桂、茶叶。

锡兰肉桂和中国肉桂都长期被人工栽培，相比之下，锡兰肉桂比较软甜、滋味温和，桂皮呈浅棕色而且比较薄；而中国肉桂的桂皮颜色较深，树皮较肥厚，滋味较辛辣，而芳香较前者略逊一筹。

锡兰肉桂

魏晋之前，中国人主要是把华南出产的肉桂的皮、叶当作药物，而不是做菜用的调料。原产于印度、东南亚的一些味道温和甘甜的肉桂品种（如天竺桂）大概是在唐代引入东南沿海，唐代人或许是从波斯人、阿拉伯人那里学会使用天竺桂、阴香来调味。不过，中原人对这种过于浓郁的味道并不是很喜欢，没有葱、蒜、生姜用途那么广泛。现在，它也仅仅是"五香粉"里的一种而已，在炖肉的时候才用得上。

樟科下面有好几种"桂"都可以做香料，如原产于爪哇与苏门答腊（Sumatra）的锡兰肉桂（*Cinnamomum zeylanicum*）、原产于印度北部的柴桂、越南的西贡肉桂。其中，锡兰肉桂是人类最早使用的香料之一，用小刀将它的树皮撕成 1 米左右的片状长条，干燥后搓起呈棕色，然后切成小段或者磨成粉出售，树皮、叶片、花朵也可以抽取精油。

---

① 逯钦立，辑校．先秦汉魏晋南北朝诗 [M]．北京：中华书局，1983：600．

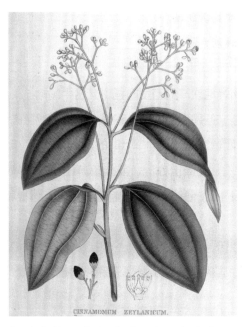

CINNAMOMUM ZEYLANICUM.

锡兰肉桂 手绘图谱 乔·卡森（John Carson）、J.H. 科林（J.H.Colen） 1847 年

欧洲人说的肉桂一般指锡兰肉桂。锡兰肉桂比中国肉桂的味道甘甜，晒干以后能看出一层层薄层，容易研磨成粉末，味道芳香而温和，如今常用来制作甜点以及给肉类调味。而中国肉桂要坚硬一些，味道也更辛辣，常常成块出售。南欧人对锡兰肉桂的喜爱胜过中国的桂皮，北美的人一般不会区别中国肉桂或者锡兰肉桂，因为他们都是买磨成粉末的肉桂粉做菜。

锡兰肉桂很早就从东南亚出口到南亚、西亚，古犹太《旧约》里提到过这种香料，当时是君主才能享受的珍贵物品。古希腊人在寺庙中焚烧甘甜且略带刺激味道的肉桂皮，用于祭祀；在希腊萨摩斯岛上的赫拉圣殿，人们发现了公元前 7 世纪的肉桂遗迹；公元前 6 世纪，诗人萨福描述了古城特洛伊中的一场婚礼上人们熏燃没药、桂皮、乳香[①]；稍后的希伯来文献说，当时的富人会把没药、沉香木、肉桂粉末撒在床上为夜生活助兴。它似乎是地中海东部富贵阶层中普遍流行的珍贵香料，许多诗文都以散发出桂皮的香味形容贵族女子的出场，比如罗马士兵进驻埃及后发现当地妇女的头发浸染着肉桂油的香味。

由于不清楚肉桂的产地和来源，当时出现了许多关于它的神奇传说，比如公元前 5 世纪的希腊历史学家希罗多德说，阿拉伯人声称干肉桂是一种大鸟叼来做巢的，人们就杀牛并砍成大块放在鸟巢下面，大鸟把牛肉叼到巢里后，巢穴无法承受牛肉块的重量会掉落下来，人们乘机捡拾肉桂。

肉桂在罗马帝国时代是价格最昂贵的香料，它不是用于烹饪，而是作为祭祀用品和调酒香料。传说有一只大鸟在桂皮点燃的火焰中复活，于是罗马贵族相信

① 安德鲁·达尔比.危险的味道：香料的历史 [M].李蔚虹，赵凤军，姜竹清，译.天津：百花文艺出版社，2004：48.

桂皮可以帮助亡魂复活，所以常在火葬亲人尸身时加入桂皮一起焚烧。公元前 78 年，独裁者苏拉逝世后，人们送来了大量桂皮，还用肉桂粉压模制作了一个苏拉像；65 年，暴君尼禄不慎踢死情妇波皮厄后，在她的葬礼上焚烧了全罗马的肉桂和桂皮，以表示追思之意；之后，罗马皇帝韦斯巴芗（Vespasian）曾给神殿奉献一顶以金箔装饰的桂皮皇冠。罗马人还用肉桂调酒，当时 1 罗马磅（327 克）肉桂的价格是 300 第纳尔，约等于一个工匠 10 个月的工资，罗马人大量的金钱都流向东方，用于购买这类奢侈品。

在古代，几种产地不同的肉桂常常混杂在一起，比如商人常用原产于印度北部的柴桂和中国肉桂来冒充锡兰肉桂。中世纪的贸易商编撰各种故事隐藏肉桂真正的来源，有人说它来自波斯，也有人说这是从尼罗河里用渔网打捞上来的，直到 11 世纪，阿拉伯还有人以为肉桂是中国东部一个岛上出产的，据说那里盛产黄金，"以至于连缰绳和牵狗绳都是纯金制作的，人们穿着金子做的衣服，他们出口沉香木、麝香、乌木和肉桂"[1]。

13 世纪以后，欧洲人才知道斯里兰卡出产肉桂。就像中医认为肉桂性热有壮阳功效一样，中世纪的欧洲草药师也有类似的认识，他们认为吃肉桂意味着要做床笫之事。而现在，肉桂叶还经常出现在南欧和中欧许多地区的风味炖汤里，是一种常用的调料。

当时阿拉伯商人和威尼斯人垄断欧洲的香料贸易，而奥斯曼帝国阻断了一些贸易路线，所以后来西欧国家尝试避开传统的"丝绸之路"和威尼斯的垄断，寻找通往满是香料和黄金的亚洲的其他路线。16 世纪初，葡萄牙人控制了斯里兰卡的肉桂贸易，有记载说当地居民要向国王缴纳一定数额的肉桂皮换取金钱，国王再卖给来这里的外国商人，除了国王，其他人不得直接和外商交易。

1630 年后，荷兰人打败葡萄牙人，垄断了斯里兰卡的肉桂和香料贸易。为了保证利润，商人甚至把销售不出去的肉桂公开焚烧。1760 年，阿姆斯特丹的商人把堆成山的桂皮点燃，足足燃烧了两天，散发出的香气和烟云笼罩了整个荷兰。后来，英国人布朗勋爵于 1767 年在印度喀拉拉邦大规模引种肉桂，逐渐打破了锡兰对肉桂的垄断。但那时，咖啡、茶、糖和巧克力这些大众饮料及零食在欧洲

---

[1] 安德鲁·达尔比. 危险的味道：香料的历史 [M]. 李蔚虹，赵凤军，姜竹清，译. 天津：百花文艺出版社，2004：54.

人日常生活中占据的位置越来越重要，香料的重要性相对下降了很多，也就不是贸易的重点了。

现在西餐里常用肉桂来调汤，也用在苹果派、甜甜圈之类的甜品中，而在印度、中东国家，则用来烹饪鸡和羊肉。我当年在印度旅行时曾在餐馆里吃过不少，至今还对那里飘散的咖喱、肉桂混合的味道记忆犹新。不过，现在吃肉桂最厉害的是墨西哥人，他们爱吃一切辛辣的东西，当然，墨西哥也是肉桂的主要进口国。

桂花树

在中国，"桂"这个字的含义在魏晋南北朝时期发生了重大变化。魏晋以来随着江南经济和文化地位的上升，江南常见的一种高大而花朵散发香味的树木"桂花树"出现在了诗文中。身处江南的文人士大夫，身居闹市而又迷恋自然山水，江南山野里冬夏常青的桂花树就成为南方士人外出观赏乃至庄园造景的对象。唐代以后江南的桂花树成为中国人最熟悉的一种"桂"，而热带、亚热带的肉桂树在北方人、江南人的印象中仅仅是干燥的肉桂皮而已。

西晋人左思在《吴都赋》里描述了南京附近"丹桂灌丛"的山林，另一位西晋诗人郑丰在《答陆士龙诗四首》也提到"芳条高茂，华繁垂阴"的"桂林"，他和吴地的陆云较好，或许也是江南人士，这里的"桂林"应该指的是江南山间的桂花树林。

桂花（*Osmanthus fragrans*）是木樨科植物，原产于喜马拉雅山两侧，后广泛分布于中国长江流域，以开白色花朵的银桂最为常见。因其叶脉形如圭而

桂花树 手绘图谱 乔·米勒（John Miller） 1799 年

被称为"桂";因其材质致密,灰褐纹理与犀角相似,也有"木犀"之名;又因其自然野生于岩岭之间而被称为"岩桂",因开花时芬芳扑鼻,在轻风的吹拂下可以传得很远,又叫"七里香""九里香"。按照花色和开花习惯的不同,又可分为花色金黄的金桂,白色的银桂,红色的丹桂等,而几乎全年开花的则称四季桂。

江南的桂花树在东晋时已经被移植到皇宫内苑,据《宋书·乐志》记载,东晋末年司徒左长史王廞《长史变歌》云:

> 朱桂结贞根,芬芳溢帝庭。
> 陵霜不改色,枝叶永流荣。

南朝世家大族的庄园、园林中多栽种桂花树,历朝诗人歌咏不断。到了唐代,唐太宗李世民是个园林爱好者,并且对南朝文化十分迷恋,他在长安的皇宫中栽种了来自江南的桂花树、春兰等植物,在他的御花园中就有桂花林,也在假山赏石之间种植了小桂花树,他在《小山赋》等近十首辞赋中都曾提及桂花树,如《秋日二首》之一云:

> 爽气澄兰沼,秋风动桂林。
> 露凝千片玉,菊散一丛金。
> 日岫高低影,云空点缀阴。
> 蓬瀛不可望,泉石且娱心。

唐太宗还把这片桂花林边的宫殿命名为"桂林殿",陈叔达、上官仪等官员都有题目为《早春桂林殿应诏》的诗歌传世。有了皇帝的提倡,其他贵族、高官当然也开始重视在园林中欣赏桂花树。中唐时的宰相李德裕在洛阳郊外的平泉山居栽种了"剡溪之红桂""钟山之月桂""曲房之山桂""永嘉之紫桂""剡中之真红桂"等多种花色的桂花树[1]。

---

[1] 李德裕.平泉山居草木记 [M]// 全唐文.董诰,等编.北京:中华书局,1983:7267.

崖下花鸟图轴　绢本设色　吕纪　明代

　　因为桂花通常在中秋节前后开放，和之前的月中有长生不老的神树传说联系起来，桂花树就成为传说中一株长在月中的仙树。唐代人还演绎出更多的故事，比如"月中落桂"等传说。因为桂花树雌雄异株，雌株上结种，可城里人爱栽培高大的雄株，所以不常见到一粒粒黄豆大的紫黑色桂子，见到以后就当作稀奇的祥瑞。古人还把这类事情载于正史，比如，杭州的灵隐寺，在唐代就以桂花树知名，宋之问的《灵隐寺》诗中有"桂子月中落，天香云外飘"的著名诗句。

　　这时候桂还和科举联系起来了。唐代各州乡试一般在农历八月举行。时值桂花开放之季，人们因此把考生"登科及第"喻为"折桂"，登科及第者则美曰"桂客""桂枝郎"，科举考场则美称为"桂苑"。既然桂花和神仙、科举这些好事都联系在一起了，唐代以后的人就特别喜欢在寺观、书院、文庙、贡院及庭院种植桂花树。如诗人白居易曾将杭州天竺寺的桂子带到苏州城中种植。华南其他地方也有种植桂花树的，如明代人沈周记载，衡阳的神祠外四十余里长满了合抱的古老松树、桂花树，"连云蔽日。人行空翠中，而秋来香闻十里。计其数，云一万七千株，真神幻仙境"。

　　此后，桂树一直在江南园林里占有一席之地，比如明万历时修建的苏州留园，在"闻木犀香轩"中有几丛岩桂，轩侧的对联上写得明白，"奇石尽含千古秀；桂花香动万山秋"；沧浪亭的"清香馆"取唐诗人李商隐"殷勤莫使清香远，牢合金鱼锁桂丛"诗句，院内有清代人种下的桂花；清代所修网师园"小山丛桂轩"对面的小山种植丛桂，取庾信《枯树赋》之"小山则丛桂留人"句意。

　　乾隆皇帝在下江南的时候欣赏过南方的桂花树，他也曾让画家们创作过一些有关桂花树的作品，他喜欢"兰桂齐芳"这类富贵堂皇的题材，在中秋节时也喜欢欣赏月中桂树之类的贺寿画作，因此擅长丹青的大臣蒋溥投其所好，于乾隆二十三年（1758 年）进献了一幅《月中桂兔图》，圆圆的大月亮中有一棵桂花树，地下趴着一只恭顺的白兔，酷爱写诗题词的乾隆皇帝自然要点评一番，他在右上角题写了一首诗：

　　　　秋暖无端迟桂芳，缀枝初折几苞黄。

　　　　玉兔静守冰轮朗，画出人间满意凉。

《月中桂兔图》 纸本设色 蒋溥
1758 年 北京故宫博物院

六朝古都南京和桂花树的缘分深厚，晋左思《吴都赋》已经提到南京附近的"丹桂灌丛"，南朝齐武帝（483—493 年）时，湖南湘州送桂树到芳林苑中。唐代冯贽《南部烟花记》记载，陈后主曾根据"嫦娥奔月"的神话在南京皇宫给爱妃张丽华造"桂宫"："作圆门如月，障以水晶……庭中空洞无他物，惟植一株桂树，树下置药杵臼，使丽华恒驯一白兔，时独步于中，谓之月宫"，可以说是古代的"超现实"角色扮演游戏，也可以说是网红打卡地吧。

至清代，南京挹江门附近栽种有数千株桂花树，估计已经对桂花进行商业开发。附近的高淳县（现高淳区）在明清时有以"木樨"命名的村庄和古台，吴县等地至今还以生产桂花著称。民国时期，南京市政当局还曾在钟山的国民革命军阵亡将士公墓附近种了好几千株桂花树，加上后来补种的树，据说现在有 2 万多株，好多树都有八九米高了，中秋桂花开时，附近的空气中到处弥漫着甜甜的芳香。

利用四时花卉做成菜肴或点心，古人称为花馔，桂花可以说是江南特殊的一种香料，宋人林洪所著《山家清供》中有用桂花做的"广寒糕"。明代戴羲《养余月令》有腌桂花、丹桂糕记载。明清时期南京等地开发用桂花泡茶、酿酒，制作桂花酱、桂花醋、桂花糖粥藕、桂花糖芋苗、桂花赤豆酒酿元宵、桂花烘糕之类吃食，民国时候南京还出现了"桂花仔鸡""桂花干贝"之类餐品。但是南京著名的"桂花鸭"倒是没有用到桂花调味，仅仅因为桂花开时恰逢中秋，此时鸭子最为肥美，人们便把上市的盐水鸭美其名曰"桂花鸭"。

南京、四川新都、湖北咸宁等地都有地方名产桂花糕，估计都是明清时期出现的。新都的桂花糕得益于明正德年间的状元才子杨升庵，他在家乡四川新都驿一处湖泊周边栽种了数百株桂花，命名为"桂湖"，在此写过《桂湖曲》《桂湖曲送胡孝思》等诗文。传说当地有个小贩收集落下的桂花，挤去水分后用蜜糖浸渍，并与蒸熟米粉、糯米粉、熟油、提糖拌和做出了桂花糕。给本地某种食品拉名人做大旗是惯常做法，实际上应该是南京、杭州等城镇出现桂花糕后，新都的商户模仿制作类似的食品出售，为了商业宣传，就号称这种食品是本地某个名人发明的或者与某个名人有某种关联，编撰出各种有趣的传奇故事。

桂花树于 1771 年经广州、印度传入英国，此后在英国迅速发展，现今欧美许多国家以及东南亚国家作为观赏树木栽培，在地中海沿岸的园林中偶尔也能够见到。

孜然

羊肉串带来的味道

在我小时候生活的西北小城，居民以爱吃羊肉著称。传统的吃法都是清炖或者红烧大块的羊肉、排骨，直到 20 世纪 90 年代新疆炭炉烤羊肉摊进驻，我们才发现还有烤羊肉串、烤羊排这样的美味。我这样的小孩常攒一两元钱围聚在烤炉前，看新疆烤串师傅在氤氲的烟气和忽闪忽闪的炭火中快速翻动羊肉串，快熟的时候撒上辣椒面、孜然，烘烤以后散发出阵阵辛香。最初一串一两毛钱，后来逐渐涨到 3 毛、5 毛、1 块。

新疆饭菜用到孜然的地方很多，除了烤肉，烤包子、馕、手抓饭等也普遍使用孜然。我在新疆南部托克逊县旅行时，发现农民喜欢在棉花地和玉米地里穿插种植孜然，每棵孜然能长半米高，每个枝头上开淡紫色的小花。有的枝头正在开花，有的枝头已经结出淡青色的果实。等全部枝条上的花都谢了，结的果实和枝条都从绿变黄，就能闻到孜然的味道飘荡在田地里。这时候农民就将它们连根拔起，运到麦场上晒干、打碾、扬尘、装袋，出售给前来收购的商人，以后就流转到全国各地的集市和新疆饭馆、烤羊肉串摊。

后来我在印度喀拉拉邦曾尝过当地传统饮料孜然水，黄油油地带着股香料味道，有时候上面还有几片新鲜薄荷叶片装饰和增味。因为从加尔各答一路向南喝了添加各种香料的玛莎拉茶之类的饮料，孜然水这种饮料算是清淡可口了。说起来印度人吃孜然的方式挺多，常用在各种肉菜、汤中调味，是多种咖喱的配料，并且被当作药材使用。印度长期都是世界第一孜然出产大国，它的西北部地区栽种一种大粒孜然，与新疆的品种不同。

孜然（*Cuminum cyminum*）是伞形科孜然芹属植物，原产于地中海东岸和伊朗地区，很早就被人类采集使用，西亚、北非的人最早进行人工栽培。叙利亚曾出土古人 4000 多年前采集使用的孜然种子遗迹，古埃及也把孜然当作香料以

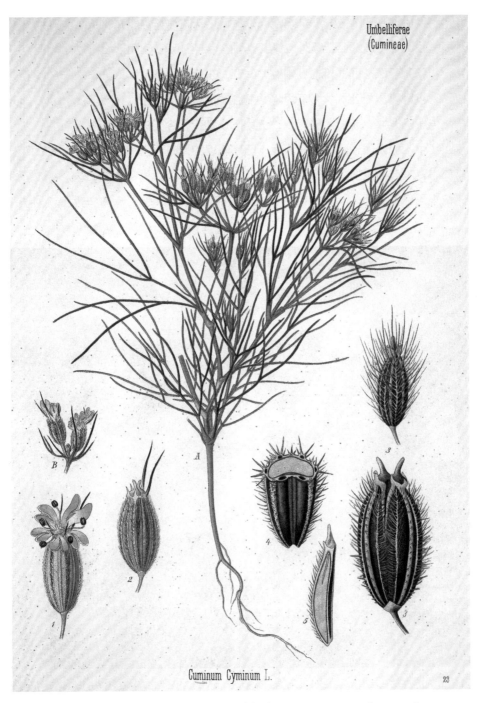

Umbelliferae
(Cumineae)

Cuminum Cyminum L.

23

孜然　手绘图谱　弗兰兹·尤金·科勒（Franz Eugen Kohler）　1890 年

及木乃伊的防腐剂。古犹太人典籍《塔木德》《旧约》中提及了孜然，古希腊人也经常使用孜然调味，正餐时，餐桌上一般有专门保存孜然的容器供人取用。

之后，孜然从西亚传播到中亚、南亚、东南亚、东亚和欧洲各地。从各地对孜然的称呼可以看出，大致有两条传播路线。古波斯人把它称作"zireh"，公元前 7 世纪的时候，波斯入侵印度，士兵把孜然传入今天的印度和巴基斯坦，之后传入了中亚和新疆，所以现在印度、巴基斯坦的地方语言和维吾尔语中孜然的发音都是对其波斯语发音的音译。汉语又将维吾尔语音译为"孜然"这个名称。而希伯来语称孜然为"kammon"，阿拉伯语称为"kammūn"，因此向西传入希腊，

家庭宴会　湿壁画　庞贝遗址出土　1 世纪前后
当时罗马人的宴会上经常使用孜然等本地出产和从东方进口的各种调料进行调味。

拉丁语、英语地区后演化出其今天的英语名称"cumin"（枯茗）。

孜然在长期栽培过程中形成了伊朗型、土耳其型、印度型等不同品系。新疆种植的就是沿着"丝绸之路"传播到中亚、新疆地区的伊朗型孜然。或许唐宋时候孜然就曾被阿拉伯、波斯商人带到中原，只是常常和莳萝、小茴香混淆，并没有被人们细加分辨。内地人的肉食消费十分有限，对孜然需求并不大，长期以来，孜然只被当作一种药物。

但是在西北，维吾尔族、回族、克尔克孜族、哈萨克族等民族都爱用孜然做调料，尤其常用于烧烤肉食中。孜然的馨香和烤肉的油脂结合后味道更为浓郁，不但可以祛除牛肉、羊肉腥膻，还可以提味。20世纪90年代随着新疆饭馆、烤羊肉串的流行，孜然传播到了全国各地。

在欧洲，上古和中世纪的时候，孜然与葛缕子也常常被人混淆。相比之下，孜然种子要比葛缕子大一点，口味更辛辣。南亚、西亚、中亚、北美和拉丁美洲是现在最常吃孜然的地区，南欧一些地区可能是受古罗马和中世纪阿拉伯人的双重影响，也有一些菜式、面包用孜然调味，比如西班牙有些地方的传统肉菜饭、海鲜饭会撒点孜然调味。

现在欧美街头常见"土耳其烤肉"，孜然常常是主要调料，记得以前在柏林旅行，在街头漫步时，不经意间就能闻到它那独特的辛香。

香茅

冬阴功之味

在印度、泰国南部等地旅行时常见到一些菜式、饮料中用香茅的叶片调味。这是禾本科香茅属的常绿草本植物，南亚、东南亚热带地区常见。人工栽培的主要有两种，西印度及锡兰地区产的柠檬香茅（又称西印度香茅，*Cymbopogon citratus*）和印度南部科钦、马拉巴尔等地出产的蜿蜒香茅（又名东印度香茅，*Cymbopogon flexuosus*）。两者都可称为柠檬草，其中所含的成分柠檬醛有香味。据说亚历山大大帝于公元前332年征服埃及后，骑着涂抹香料的大象，闻着可能是柠檬草类的香味。

古印度人把香茅提炼的油脂抹在写有文字的棕榈叶"贝叶经"上防腐，也把它当作可以帮助退烧乃至预防霍乱的药材。后来，东南亚的农夫发现生长有柠檬香茅的地方散发出一股清凉的柠檬香味，驱虫效果非常好，因此纷纷栽种以防止虫害。在园林里种香茅可以防止小动物靠近，锡兰香茅的味道尤其浓烈，敏感者闻之会有头晕之感，可以有效地平息犬吠。当地人还把香茅鲜草外皮剥去，把里面能散发香味的嫩茎切成细段，用来给饭菜调味，晒干的香茅也能用来调味或者冲泡花草茶。

19世纪时，印度、东南亚大力栽种香茅提取精油，广泛用来制造香水、肥皂和药品。水蒸气蒸馏香茅叶子制出的香精气味略甜，

亚香茅　手绘图谱　弗兰克·皮埃尔·肖默东（Francois Pierre Chaumeton）1831年

类似于柠檬的味道。"二战"前的主要供应者是印度，其后，香茅的生产逐渐移至中国台湾、印度尼西亚和南美洲。中国台湾的香茅是日本人在"二战"前引种的，香茅精油和薄荷、樟脑油在 20 世纪五六十年代曾是中国台湾地区出口的主要农产品，后来针叶林出产的松节油和化学合成香料逐渐普及，取代了天然香茅精油的大部分市场，这个行业从此衰落。

现在香茅主要是香水工业在使用。除了上述两种常见香茅，锡兰香茅（ *Cymbopogon nardus* ）、爪哇香茅（ *C. winterianus* ）、马丁香茅（ *C. martinii* ）也可用来制作香精，锡兰香茅和爪哇香茅则主要含香茅醛这种挥发性物质，可以做香水或者驱蚊剂的配料。而马丁香茅除了含香茅醛、香茅醇之外还含有大量的香叶醇，萃取的精油被称为"玫瑰草油"（palmarosa），也是一种香水配料。

我在泰国旅行的时候常常接触到用香茅做调料的汤菜，用的主要是绿色叶片下方的那段白梗，柔柔地散发出淡爽香味。这只是提味的，细心的大餐馆在上菜前一般会捞出来，只有在泰式沙拉中才切成小粒，搅拌在蔬菜水果中一起吃。除了细长如茅草般的叶片上透出柠檬味的清香，香茅和野草的区别并不是很大，香茅在南非、印度和斯里兰卡以及南亚和东亚是常见的植物，而且在荒野中成簇生长，开白色的小花。

薄荷

清凉的滋味

薄荷容易蔓延生长，家人曾在院门口的墙角下种过几株薄荷，几年下来，每年春天都会冒出一大片，有时候做汤的时候应急，走出门就可以随手摘几片叶子用。后来在南欧（西班牙、意大利）的乡间见过类似的场景，有些人家在门口随便种一些薄荷，做饭时出门随手摘下来给菜蔬调味，这田园风的场景让我想起了南宋诗人陆游的一句诗，"薄荷花开蝶翅翻，风枝露叶弄秋妍。"

最早利用薄荷的是地中海和西亚地区的人，古埃及的出土文物发现有薄荷的踪迹，约公元前 1500 年的《爱柏氏纸草记事》中就记载薄荷可入药。古希腊人通常把其作为制酒的辅料，希波克拉底认为薄荷可以做兴奋剂、催吐剂及利尿剂。古希腊男性喜爱涂抹薄荷水以增加魅力，而有文献显示，古罗马和希腊人都把薄荷叶用于浸浴，也可以用薄荷编织花冠戴在头上，唇萼薄荷曾被古希腊和古罗马人当作烹饪调料。古罗马人在庭院常种薄荷、独活草、牛至和香菜几样香料。中世纪时，欧洲人常把薄荷当作药草和调味品，而近代从薄荷里提炼的薄荷精油更是广泛用于制作香水、牙膏、口香糖、利口酒、雪茄烟或药品，以增加清凉香气。

唇形科薄荷属植物约 30 个种，绝大多数原产于亚欧大陆温带地区，在南半球只

欧薄荷　手绘图谱　乔治·克里斯钦·欧德（Georg Christian Oeder）1761—1883 年

胡椒薄荷 手绘图谱 约翰·爱德华·索尔比（John Edward Sowerby） 1867 年

薄荷 《自然史》词条插图（histoire naturelleet des phénomeènes de la nature） 1833—1839 年

有 3 种热带品种。现在最常见的栽培品种是以嫩茎叶供食的胡椒薄荷（*Mentha× piperita*）、绿薄荷（*Mentha spicata*）、欧薄荷（*Mentha longifolia*）。薄荷之所以能让人感到"清凉"，是因为它里面的薄荷醇能够刺激人的感觉神经，感觉神经纤维接触薄荷醇后就把"凉爽"的信号发送给大脑，让人觉得凉爽。

绿薄荷原产欧亚大陆，后传入非洲、美洲等地，特点是有闪亮的、灰绿色的圆形叶片，味道清香，古希腊人用绿薄荷泡洗澡水，罗马人也如此使用，还将它引到英国种植，当地人也用它来防止牛奶变酸凝块。但到中世纪时，绿薄荷成了用于口腔卫生的药物，用来治疗牙龈疼痛及美白牙齿，现在主要用来提取薄荷精油。欧薄荷原产欧洲、非洲、西亚和中亚，在欧洲各地作为芳香及药用植物广为栽培，东南亚、印度人也喜欢用它在菜肴中调味，欧洲一些地方用薄荷酱汁或薄荷冻搭配肉类食用，还有奥地利等地，用薄荷茶供冲泡。胡椒薄荷是 18 世纪由绿薄荷与水薄荷（*Mentha aquatica*）杂交而成的，有紫绿色茎叶，香味最浓郁，常用于制作香精、口香糖，也可以泡茶、做冰激凌配料。

薄荷在汉代时经中亚传入中原，汉武帝时的文学家扬雄在《甘泉赋》中提到皇帝在甘泉宫内种植有"茇葀"，后人推测这两个字是对薄荷外语名称的音译。陕西韩城姚庄坡出土了 1800 多年前东汉墓中的薄荷实物，当时可能已经当作香料或药物。南北朝时期雷敩的《雷公炮炙论》明确将它入药使用。唐高宗显庆四年（659 年），中国最早一部国家药典《新修本草》有了"薄荷"这个名称。

1061 年，北宋人苏颂在《图经本草》中说薄荷已经是"处处有之"，这可能是因为它被视为治疗风寒的药物，加上容易成活，得到广泛栽培。他还提到有"胡薄荷""新罗薄荷""石薄荷"等名称的药物，可能是从西域和新罗引入的、形状近似的薄荷属植物，也可能是唇形科其他可散发香味的植物。

当时还流行用薄荷调制成饮料"薄荷汤"，这类饮料被称为"饮子""香汤"或"熟水"。这可能是受到波斯、阿拉伯人的影响，他们爱用水果、香料、蔗糖等调制饮料，既可以消暑，也当作治病防病的保健品喝。这种西域做法唐代时已经传入中原，初唐时的医药书《千金要方》中就出现了 5 个"饮子"的药方，开元年间长安城西市有"卖饮子药家"，出售可以治病防病的药酒或饮料"三勒浆"、诃子汤等。

两宋更是流行各种口味的"饮子"，如北宋人朱彧《萍洲可谈》记载，"今世客至则啜茶，去则啜汤。汤取药材甘香者屑之，或温或凉，未有不用甘草者。此俗遍天下。"人们还在夏天吃冰镇或井水镇过的冷饮子、清凉饮子，周密《武林旧事》卷六提到的近 20 种"凉水"就是这样的饮料。

当时流行的几十种"饮子"中就包括使用薄荷的饮品。文人学士常常采摘薄荷芽加入茶水中煮，做成"药茶"喝，如南宋初年宰相李纲被贬谪海南时，在路上写诗《献花铺唐相李德裕谪海南道此有山女献花因以名之次壁间韵》，回忆在杭州喝的薄荷茶：

> 我亦乘桴向海涯，无人复献雨中花。
> 却愁春梦归吴越，茗饮浓斟薄荷芽。

宋诗中常常把薄荷和猫一起写，因为他们看到"猫食薄荷则醉"。如陆游曾在《得猫于近村以雪儿名之戏为作诗》中写道：

> 似虎能缘木，如驹不伏辕。
> 但知空鼠穴，无意为鱼飧。
> 薄荷时时醉，氍毹夜夜温。
> 前生旧童子，伴我老山村。

当代药物学实验证明，薄荷并不能让猫呈现醉酒一样的姿态，而是唇形科荆芥属的某些植物如猫薄荷（*Nepeta cataria*）的枝叶内所含的荆芥内酯可以刺激成年猫科动物鼻子里的感觉神经，进而影响它们的情绪，于是出现摇头晃脑、流口水、打滚的"醉态"，一般持续十来分钟，而 3 个月以下的小猫对此没有反应。这从一个侧面说明，宋代人诗歌中记载的很多所谓"薄荷"都是荆芥类香草，而非现代人认知的薄荷。

近代以后，中国还曾从欧洲和日本等地引种了胡椒薄荷等，但是中国的菜式对薄荷使用得不多，大家现在熟悉的是各种薄荷味的饮料、口香糖之类。近年来因为受到西餐、泰餐的影响，薄荷才在餐饮中流行，许多地方还直接把薄荷叶当菜吃。

罗勒

天堂的滋味

　　在印度的时候，见过当地人在寺庙中向神灵进献圣罗勒盆栽。圣罗勒叶色翠绿、花色鲜艳、芳香四溢，因此人们相信它也可以取悦神灵。一些印度人会在死者胸前或者嘴里放上一片圣罗勒叶子，据说这样才能受到神灵的眷顾，能够在轮回时获得来世的好运。

　　还有许多印度教徒在家里的阳台、庭院供养圣罗勒，种在一种特制的类似神坛的方形花盆中。花盆的三面雕刻着印度教的神像或神符，正面是一个镂空的神龛用于点蜡烛、烧香。虔诚的印度教徒每天早上在沐浴后给圣罗勒浇水并点一盏油灯，放在小神龛中。它们相信圣罗勒具有神奇的力量，能够让妖魔鬼怪、灾厄苦难远离自己。圣罗勒在印度古代阿育吠陀药典中是重要的药材，今天还有许多人服用，也有人饮用加入圣罗勒的热茶，用含圣罗勒成分的香皂、洗发水和化妆品等。

　　印度最著名的诗人泰戈尔曾写过一首著名的诗《仙人世界》：

　　如果人们知道了我的国王的宫殿在哪里，它就会消失在空气中的。

　　墙壁是白色的银，屋顶是耀眼的黄金。

　　皇后住在有七个庭院的宫苑里，她戴的一串珠宝，值整整七个王国的全部财富。

　　不过，让我悄悄地告诉你，妈妈，我的国王的宫殿究竟在哪里。

　　它就在我们阳台的角上，在那栽着杜尔茜花的花盆放着的地方。

　　公主躺在远远的、隔着七个不可逾越的重洋的那一岸沉睡着。

　　除了我自己，世界上便没有人能够找到她。

　　她臂上戴有镯子，她耳上挂着珍珠，她的头发拖到地板上。

当我用我的魔杖点触她的时候，她就会醒过来；而当她微笑时，珠玉将会从她唇边落下来。

（郑振铎翻译）

"杜尔茜花"实际就是圣罗勒，如此说来，这首诗和印度教的神话传说有关：印度教传说圣罗勒是大神毗湿奴妻子的化身，每年 10 月中下旬前后的某一天，印度各地都会庆贺"圣罗勒节"。节日当天，人们会给圣罗勒披挂上装饰彩条，扮成新娘子的模样，人们还会准备一些素餐供奉给家里的圣罗勒神坛。

唇形科罗勒属的植物有上百种，广泛分布于全球温暖地带，很多都能散发出类似丁香、茴香的味道，香味随品种而不同。其中最为人所知的是圣罗勒（*Ocimum tenuiflorum*）、大罗勒（*Ocimum basilicum*）、柠檬罗勒（*Ocimum americanum*）、泰罗勒（*Ocimum basilicum* var. *thyrsiflora*）、斑叶罗勒（*Ocimum basilicum* Crispum）、丁香罗勒（*Ocimum basilicum* Cinnamon）等。

原产于印度的大罗勒在 5000 多年前就被印度人栽培，食用它们的叶子或者用于宗教祭祀。大罗勒很早就传到东南亚、西亚、南欧，公元前 4 世纪的古希腊园艺学家泰奥弗拉斯托斯就记录过，种植极为普遍，尤其在地中海沿岸有许多

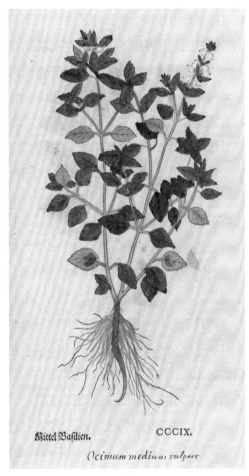

罗勒 手绘图谱 莱昂哈特·福斯（Leonhart Fuchs）1543 年

97

变种。

意大利人常用甜罗勒做披萨饼、意粉酱、香肠的配料或者直接拌沙拉；热那亚著名的青酱（pesto）就是用罗勒、橄榄油、松子和蒜头制成。甜罗勒比大罗勒的叶子娇嫩，不耐热，常用于冷的酱汁和沙拉，用在热菜上也多用于摆盘，不像大罗勒那样可以放在汤、菜中烧煮。干燥的罗勒也可以制作花草茶。罗勒在东南亚菜式中地位也很重要，是各种菜、汤中常用到的香料，比如越南河粉里常常撒泰罗勒调味。

在文化史中，罗勒的意义在不同地区有极大的差异，比如圣罗勒在印度教中代表神圣，古希腊、古罗马人也许是受印度文化影响，也认为它可以打开天堂之门，但是也有古希腊人讨厌它的味道。

中世纪基督教中流传着一个故事：传说327年，罗马帝国皇帝康斯坦丁的母亲海伦娜太后去耶路撒冷朝圣，在旅途中发掘出钉死耶稣的十字架，附近土地上长着圣罗勒。因此，有些天主教派极为重视圣罗勒，用它浸泡弥撒时洒的水或者奉献在祭坛上。可也有些教派认为罗勒是恶魔撒旦的象征。

张骞的出使让汉朝和西域的官方往来日益密切，西域很多新奇植物传入中原。西汉后期，在山东、江苏交界地区担任东海太守的韦弘在《赋·叙》中说"罗勒者，生昆仑之丘，出西蛮之俗"[1]，可见那个时候它已经从西域传入中原，应该是当作香料或药物使用。"罗勒"是对古印度梵音的翻译。西晋张华所撰《博物志》记载了当时的罗勒栽培技巧：春夏时，把马蹄、羊角烧成灰撒在湿地上，有助于罗勒生长。

南北朝时，与东晋对峙的北方后赵政权统治者是石勒，为了避讳"勒"字，人们就把"罗勒"改称"兰香"，民间又叫"翳子草"。因为罗勒的种子吸水后会膨胀，顺便把掉入眼中的微小杂物一起吸过来再随着眼泪排出眼睛，可用于治疗眼中有沙尘一类的疾病，因此又名"光明子"。

北宋时罗勒已是"处处有之"的常见香料，《嘉祐本草》记载了3种罗勒品种："一种似紫苏叶；一种叶大，二十步内即闻香；一种堪作生菜，冬月用干者。"曾前往

---

① 石声汉.齐民要术今释 [M].北京：中华书局，2009：263.

伊莎贝拉和她的罗勒盆栽　油画　威廉·何曼·怀特（William Holman Hunt）　1867—1868年

　　英国诗人济慈1818年根据《十日谈》中第4日的第5个故事创作了一首叙事长诗《伊莎贝拉和罗勒罐》（*Isabella, or, The Pot of Basil*），讲述了一个叫伊莎贝拉的姑娘的故事。她生于富庶的佛罗伦萨商人家庭，在朝夕相处中爱上了给家里打点生意的学徒洛伦佐，但她的两个哥哥原打算把妹妹嫁给一名贵族。两个哥哥知道后竟然密谋杀害了洛伦佐并把他葬在了树林，欺骗妹妹说已经把洛伦佐派到海外出差。在亡灵的指引下，伊莎贝拉找到了树林中爱人的尸体，默默将爱人尚未腐烂的头颅割下，带回家葬在了一盆绿油油的罗勒盆栽里。伊莎贝拉每天抱着这罗勒叶，轻轻擦拭，温柔抚摸。她对这盆罗勒的痴迷引起了两位哥哥的疑心，他们挖开泥土发现了头颅，惊恐地逃离了佛罗伦萨，伊莎贝拉则在对爱人的追怀中黯然故去。喜欢各种唯美主题的拉斐尔前派画家威廉·何曼·怀特绘制的这件作品描绘伊莎贝拉正在抚摸藏有爱人头颅的罗勒盆栽，罗勒罐上细致地雕绘着骷髅头，罐子下的绸缎也绣着洛伦佐的名字。

泉州公干的元朝官员张养浩就曾吃过罗勒调味的鱼肉，他在《寄省参议王继学诸友自和四首》中提到"姆隅罗勒味尤真"。"姆隅"是鱼的代称，这种用罗勒配鱼吃的方式与地中海人用罗勒给肉食调味不谋而合。

罗勒作为调料，味道不易被人接受，香味也容易消散，在中国古代没有流行开来。近代，荷兰殖民者把罗勒引入中国台湾种植食用，才渐渐为国人所知。因为它开花时花序层叠如塔，有好多层，民间有"九层塔"之称，和佛教文化又搭上了一点关系。近年来，在西餐、泰餐影响下，中餐也渐渐有所使用，一些地方还种植甜罗勒出售，购买者多是把其幼嫩茎叶当作蔬菜凉拌或者炒食。

紫苏

陌生的老朋友

　　我第一次吃紫苏是在日餐馆，后来在韩餐中常常与之打照面，都是用来包生鱼片、烤肉吃。后来才发现它并非陌生人，魏晋南北朝时已经传入中原，古人早就当药物、蔬菜、调料了。

　　"紫苏"这个名字就揭示出它最常见的种类是紫色或者绿中带紫，它的叶片多皱缩卷曲，具有特异的芳香。其中一个变种皱叶紫苏（*Perilla frutescens* var. *frutescens*）叶子是绿色，种子含的油脂较多，又称白苏、回回苏；另外一个变种紫苏（*P. frutescens* var.*crispa*）叶子两面都是紫色，或者面青背紫，在韩餐、日餐中常见，近来在很多国家都流行。

　　紫苏是唇形科紫苏属植物，原产于中国华南、印度南部和东南亚热带地区。紫苏传入中原地区的历史比较早，汉代《尔雅·释草》中提到"苏"又名"桂荏"，是一种味道类似肉桂的香草。《说文解字》辨析说，"荏，白苏也；桂荏，紫苏也"①。或许中原人先认识开白花的、叶子是绿色的香草"苏"，后来就把新传入的紫色叶片的香草称为"紫苏"，又名"桂荏"。

　　紫苏传入中原后主要用作药草，5世纪时就被收录进南朝医学典籍《名医别录》中，其叶（苏叶）、梗（苏梗）、果（苏子）均被

紫苏　手绘图谱　N.A.　1852 年

---

① 郝懿行.尔雅义疏 [M]// 郝懿行集.济南：齐鲁书社，2010：3485-3486.

中医所用，也有少数地区用它做蔬菜或入茶。据说，宋仁宗时把"紫苏熟水"定为饮料里的第一，估计就是用紫苏等香料浸泡过的热开水。宋人史浩写过一首词《南歌子·熟水》描述先喝熟水再喝茶的场景：

> 藻涧蟾光动，松风蟹眼鸣。浓熏沈麝入金瓶，泻出温温一盏，涤烦膺。
> 爽继云龙饼，香无芝术名。主人襟韵有馀清，不向今宵忘了，淡交情。

在宋元时代，许多地方都栽种紫苏。明初高濂在《遵生八笺》中详细记载做紫苏"熟水"的方法：把紫苏叶放在纸上，搁在火上烘烤出味道，用滚开的热水冲泡紫苏一次算是清洗；把这壶洗过的水倒掉，把紫苏放入壶中，加入滚水浸泡当热饮喝，据说可以"宽胸导滞"。后来李时珍也说"紫苏嫩时有叶，和蔬茹之，或盐及梅卤作菹食甚香，夏月作熟汤饮之"——这都是热饮。有些地方则是把捣碎的梅子和盐、紫苏放入新汲的冰凉井水中浸泡后饮用，类似今天的凉酸梅汤。以前江南地区蒸大闸蟹也会在螃蟹的上面和下面垫上紫苏叶去腥提味。

紫苏可能是唐代时候传入朝鲜、日本的。日本人吃生鱼片时常用到紫苏，韩国也用一种变种紫苏制作泡菜，在吃烤肉也常用新鲜的紫苏叶搭配。在南亚、东南亚紫苏主要做香料，如越南的炖菜和煮菜中常用紫苏叶调味。

16世纪紫苏从东南亚、太平洋群岛传入欧洲，主要是作为观赏性植物，后来南欧有些地方会使用紫苏拌沙拉或者当装饰性配菜。我在南欧旅行时常吃当地人用于调味的各种香草，当时并没有特别在意，后来才发现许多香草如紫苏、薄荷、薰衣草、罗勒、鼠尾草、迷迭香、香蜂草等都属于唇形花科植物，这一科有许多植物的枝、叶、花、果实都含有散发芳香味道的成分，令人心旷神怡、胃口大开，因此常常用在烹饪中。

白苏、紫苏的种子提取的紫苏油里含有一种叫紫苏醛的挥发性物质，这是它的香味的来源，这也是孜然里含的主要挥发性成分。日本人在16世纪之前曾使用紫苏油照明，后来被菜籽油取代才不再使用。20世纪初日本还曾把紫苏油大量出口到美国作为一种工业用干性油，可以代替亚麻油使用，后来因为日美爆发战争才停止。现在，紫苏精油也用于烟草加工、蛋糕、牙膏等。

莳萝

烟熏鲑鱼的伴侣

在意大利、希腊、西班牙旅行时吃过不少莳萝调味的海鲜、肉食和意大利面，比如烟熏鲑鱼上常用绿色的新鲜莳萝叶装扮调香，希腊人爱吃的黄瓜酸奶酱"Tzatziki"中也会加入莳萝调味。

莳萝（*Anethum graveolens*）的原产地就是地中海沿岸，3400 多年前迈锡尼人就拿它当香料，用莳萝的枝叶制作香水，祭祀日进行比赛的竞技运动员常常使用莳萝香精涂抹全身。古埃及人将它和芫荽及泻根混合，以治疗头痛。古希腊人、罗马人也很爱用莳萝，和希腊人一样，管它叫"Anethon"。有人推测它就是《马太福音》里所说的香料植物"Anise"（也有人说是小茴香），西亚地区曾大量栽种莳萝当药物和香料。

莳萝是水芹科植物，叶片鲜绿色，呈羽毛状，有水芹科特有的刺激香味，枝叶的香味比种子味道温和，新鲜叶片用塑胶袋包裹严密，放在冰箱可贮存数天。最常见的用法是撒在鱼类冷盘上，以去腥添香或做盘饰，也可调制泡菜、汤品或调味酱。干燥的叶片也可以做香料，现在超市中的多是干燥的莳萝碎叶片。莳萝干燥的成熟种子味道类似葛缕子，可直接使用或磨

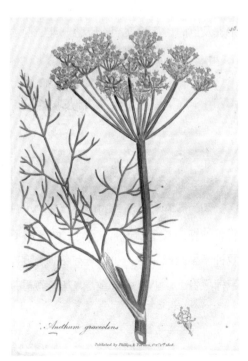

莳萝 手绘图谱　伍德维尔（Woodville）、霍克（Hooker）、斯普拉特（Spratt）　1832 年

成粉末制成酱料。

南欧人首先采集莳萝作为香料、调料并人工种植，后来传遍欧洲各地并向东传入亚洲。中世纪时，欧洲人认为莳萝可以祛肠胃胀气、帮孩童入睡，也有人把它加在春药当中使用。现在，中东欧、北欧人常用于腌渍或为某些菜式引出额外的味道，如黄瓜泡菜、马铃薯、肉类、黑麦面包、咖喱、烤鱼等。莳萝在欧洲、中东、俄罗斯使用最为普遍；南亚、东南亚、东亚一些国家也会用到，比如伊朗会用莳萝、豆子焖米饭；东欧、北欧常用来给熏鱼、腌菜调味。

莳萝种子可能是亚历山大大帝东征时传入印度西北部的，在晋代已经为中原人所知，晋代《广州记》记载莳萝生于波斯国。"莳萝"是对其古波斯语名称"shevid"的音译，估计那时已经作为药物、香料从"海上丝绸之路"传入华南。

唐代时，莳萝作为药物出现在《唐本草》中，以果实作药材用。宋代时，莳萝在华南已经是一种常见的调味品，所以苏颂说"莳萝今岭南及近道皆有之，今人多用和五味，不闻入药用。"明末清初广东番禺人屈大均就曾在《种葱》一诗中提及当时岭南人在初春吃葱、韭、莳萝的情形：

> 欲供春脍用，当腊种葱多。
> 地冻坚冰始，泥乾小雪过。
> 食兼沙韭好，斋奈露葵何。
> 寸寸慈亲意，盘中杂莳萝。

因为莳萝和小茴香的植株、开的小黄花都类似，中国很多地方都把两者混淆，笼统地称为"小茴香"，实际上两者并不相同。莳萝的枝叶要比小茴香稍粗，莳萝种子呈圆扁平状，小茴香是细圆形的，气味也不一样；莳萝有大茴香气味并略带柠檬香气，小茴香味道类似八角茴香并略带一丝甜味。

芫荽

爱与恨的两极

在印度吃过不少带有芫荽调味的菜式，咖喱里也常用到芫荽，虽然我对咖喱有点儿接受不了，但对芫荽并不排斥，甚至可以说常吃。因为我在兰州附近的西北小城长大，人们最常吃的早餐牛肉拉面以用芫荽、蒜苗、萝卜和油泼辣子调味著称。翠绿的芫荽有特殊的味道，对此敏感的人也不少，他们去面馆总要特意给捞面浇汤的师傅说一声"不要芫荽！"还有人说自己极度讨厌芫荽，在我这样吃惯牛肉面的人来说觉得简直不可理解：这仅仅是种平常味道，为什么有人会如此反感？

芫荽（*Coriandrum sativum*）又叫香菜，是水芹科一年生或二年生草本植物，原产地为地中海沿岸、西亚和北非地区，英文名"Coriander"源自希腊语，意为"臭虫"，因芫荽的种子未成熟前，茎叶的味道类似甲虫的味道一般难闻，待果实成熟后则转变成类似茴香的辛香味。

西亚是最早采集使用芫荽这种香料的。以色列地区出土过几万年前的部落采集食用的野生香菜种子遗迹。希腊南部的一个山洞中也出土过9000多年前的野生香菜果实。5000多年前，叙利亚地区的古代部落就在啤酒中添加香菜和孜然的种子调味。古埃及法老图坦卡蒙墓地也出土过香菜种子，因此有学者推

芫荽 手绘图谱 约翰·斯蒂芬孙（John Stephenson）和詹姆斯·莫斯·丘吉尔（James Morss Churchill） 1836年

测埃及人在 3500 多年前就开始种植香菜，但也可能是为了宗教祭祀用途从西亚进口而来。《旧约·出埃及记》第 16 章 31 条文用香菜籽的味道来解释别种食物，也证明香菜籽乃是当地常见食品。

3000 多年前，古希腊人种植香菜，把种子作为香料，叶子作为草药。罗马人在面包中加入香菜提味，一度还用作芳香剂和祛风药。庞贝废墟中曾经发现公元前 1 世纪古罗马人保存的香菜籽。现在中东欧人还常把香菜籽粉碎后添加在香肠、面包、酒中调味。1670 年，香菜传入美洲，是欧洲移民最早种的香料之一。传到墨西哥后，喜欢各种香料的墨西哥人也常用鲜嫩的香菜拌沙拉。

4 世纪以前，香菜就从波斯传入了印度西北部，它在古代梵文文献中的读音就译自古波斯语。至今印度和中国、东南亚、中亚地区一样，不仅把香菜籽当作香料，还采摘香菜的新鲜枝叶炒菜或者作为配菜除腥提味。香菜的茎、根、叶用炒等方法加热后，有类似柑橘的香味。

芫荽应该是汉晋之间传入中国的，西晋著作《博物志》记载说，"张骞使西域还，得大蒜、胡荽"①，这可能是伪托，因为人们习惯于把任何新事物都和更古老的名人拉上关系，以便显得它"来历不凡"。但至少汉末魏晋时香菜已经传入中原，称为"胡荽"或"葰荽"。南北朝时北方已经广泛种植，北魏的农学著作《齐民要术》里详细记载了种植胡荽以及制作腌芫荽的方法。

据说南北朝时后赵石勒皇帝自己是胡人，忌讳汉人提到"胡"字，为此大开杀戒，他统治下的山西等地就把胡荽改称"原荽"或"芫荽"。因其有特殊的香气又称"香荽""香菜"等名。还因它带有辛辣的特殊清香气味，成了道士禁忌的"五荤"之一。

宋元之际流行用紫苏、香菜之类的香草调制"药茶"当养生饮料喝，镇江诗人俞德邻写的《村居即事二首》中写农家用"胡荽"做药茶的场景：

漠漠平畴接远沙，一浜寒水浸梅花。

儿挑苦芺供鹅食，妻撷葫荽荐客茶。

榾柮火残寒尚力，茅柴酒熟夜能赊。

岁时伏腊歌呼处，三世儿孙共一家。

① 石声汉.齐民要术今释 [M].北京：中华书局，2009：233-234.

阿魏

魔鬼的粪便

我在印度旅行时吃过当地一种有特殊腥臭味的香料——阿魏，这是伞形科阿魏属的几种植物产的树脂，如阿魏（*Ferula assafoetida*）、大阿魏（*Ferula communis*）都可分泌。这类植物多数原产于中亚、西亚，外观上与茴香很类似，有的能长到1米多高，花朵是明亮的黄色，它的空心根茎包含类似奶汁一样的树脂，其中富含有机硫。用小刀从茎干上部往下斜着割开口子，收集渗出的乳状树脂，阴干以后就是块状的棕黄色"阿魏"，可以直接保存，也可以磨成粉末。现在的采收方法更为彻底：在未开花前就挖松泥土，露出根部，将茎白根头处切断，即有乳液流出，上面用树叶覆盖，约过10天渗出液凝固如脂，刮下保存，再将其上端切去一小段，如此就可以每隔10天收集1次，至枯竭为止，可以采收大约3个月。

阿魏闻起来有一种类似硫磺、韭菜的臭味，欧洲有些地方把这种东方的神秘调料称为"魔鬼的粪便"，可见这种味道给人的印象之深刻。

阿魏最初的爱好者是中东人，伊朗等地至今还有些地方把阿魏作为香料。据说，公元前4世纪亚历山大大帝东征到今天阿富汗山区的时候，士兵找不到足够的粮食和柴禾，只好杀掉马匹生吃，好在当地到处生长着阿

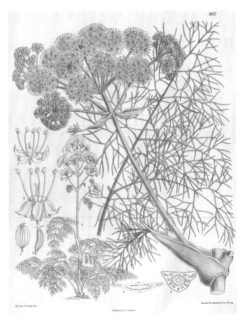

大阿魏 手绘图谱 玛蒂尔达·史密斯（Matilda Smith） 1907年

魏。他们开始以为这是调味植物罗盘草（Silphium），后来发现味道实在不怎么样。尽管如此，缺乏调味品的士兵们还是给自己吃的生马肉上撒上点阿魏树脂粉，至少有点儿味道。这是公元前 1 世纪古希腊学者斯特拉博（Strabo）的记载，至少说明那时候希腊人已经知道中亚出产的阿魏。到了 1 世纪，希腊医生狄奥斯科里迪斯（Dioscorides）也吃过阿魏并给予了差评。

最初，古希腊人、古罗马人把阿魏当作罗盘草的替代品。罗盘草是在今天北非利比亚一带生长的野生植物，树脂带有特别的香味，公元前 7 世纪的时候希腊人大量进口它们，为此在北非建立了殖民城市普兰尼（Cyrene），从当地部落中收购罗盘草并转卖给希腊各个城邦。当地人会在罗盘草的茎干上切开口子获取树脂，晒干后呈颜色微红的半透明状。人们把这些树脂装到陶罐中，掺上面粉摇匀，这样可以保证从海路运输到雅典等地后依旧保持原来的颜色和质量。

当时希腊人喜欢在各种肉食中添加罗盘草调味，尤其是给各种动物内脏、牛羊乳房、母猪子宫等味道强烈的肉食调味，当时人甚至吃用罗盘草等香料腌制过的新鲜的鸟类内脏。它也被当作避孕、堕胎药物，各地需求甚大，对普兰尼来说是出口的经济支柱，所以这个城市铸造的钱币上就有它的图案。罗马人也喜欢这种香料，可惜，1 世纪时，老普林尼记载，利比亚人将产罗盘草的地方出租当作牧场，导致罗盘草很快绝迹，据说最后一株罗盘草被献给了罗马皇帝尼禄享用[1]。

罗盘草绝种后，味道类似但是滋味更为强烈的替代品阿魏才在地中海地区流行起来，广泛用在烹调和医药中。但是罗马帝国灭亡后，它就从欧洲人的菜单中消失了。

在东方，印度 1400 多年前的医药典籍《阇罗伽集》中就有记载，认为它是开胃化痰的最佳药物和重要的调味品。它被印度人称为"hing"，阿魏至今还是印度南部和西部一些地方常见的调味品，常用在泡菜、鱼、蔬菜及辣酱中，当地人尤其喜欢在豆类炖菜中添加阿魏，认为它可以预防和减少吃了豆类食品的臭胀气。因为一些宗教禁止使用葱、蒜，阿魏在一些地方也作为替代品使用。在烹饪中，阿魏的臭硫磺味会挥发掉大部分，最后保留的是较为轻微的味道。

---

① 安德鲁·达尔比.危险的味道：香料的历史 [M].李蔚虹，赵凤军，姜竹清，译.天津：百花文艺出版社，2004：17-18.

作为一种药物，阿魏在隋代就传入中原，《隋书》记载，漕国（今阿富汗境内）出产阿魏；唐代本草学家苏恭记载市场上出售的阿魏产品包括晒干的饼状树脂和割开根部晒干的两种，前一种价格高，后一种便宜。阿魏是印度人和中亚人爱吃的调料，武则天时期前往印度求法的和尚义净注意到印度人吃的菜都是煮烂以后加入阿魏、酥油和其他香料。葡萄牙人在 16 世纪记载，那时候印度人在饮食调料和医药上普遍用到阿魏。

晚唐的《酉阳杂俎》说漕国和波斯都出产阿魏，有人用树脂和大米粉或大豆粉合成"阿魏"（或许是饼状），以便携带和交易。那时候的医生推崇它"体性极臭而能止臭"，也可以作为"闭鬼除邪"的药物，让人将阿魏捣成粉末用热牛奶或者肉汤喝下。李珣《海药本草》指出，广州和云南长河都有转运来的阿魏产品，后者"与舶上来者，滋味相似一般，只无黄色。"估计是阿魏同科植物的类似树脂。

宋代《宋高僧传》记载于阗的僧人爱吃"兴渠"（阿魏）的根部，"其臭如蒜"。其实之前在浙江、四川活动的五代僧人贯休也有用阿魏调制药茶的吃法，他在《桐江闲居作十二首·其三》中写道：

静室焚檀印，深炉烧铁瓶。

茶和阿魏煖，火种柏根馨。

数只飞来鹤，成堆读了经。

何妨似支遁，骑马入青冥。

中国古代对阿魏的称呼有兴渠、阿虞、薰渠、哈昔尼、芸台等多种，主要是作为药物。以前医药界有谚语说"黄芩无假，阿魏无真"，因为黄芩在各地都能生长，容易采集，价格也低廉，没有人会作假，但是阿魏在古代是进口的名贵药材，所以常常有人以次充好、以假充真。对阿魏的来源也有各种神奇的传说，一种说法是阿魏是从死人的棺材盖中长出来的菌类，根系在死人的口中。

1958 年，在中草药调查中，药物学家、植物学家发现新疆有 20 个品种的阿魏属植物，其中新疆阿魏（*Ferula sinkiangensis*）和阜康阿魏（*Ferula*

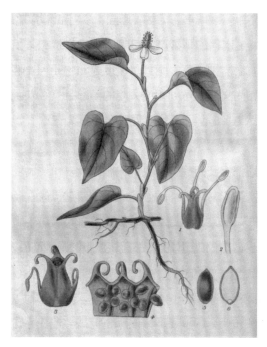

鱼腥草　手绘图谱　霍克（Hooker）　1827 年

fukanensis）的树脂和从伊朗、阿富汗进口的阿魏味道、功效类似，从此国内种植它们作为进口阿魏的替代品。

　　世界各地最主流的调料都是辛辣或者馨香气味的，只有极少数人才喜欢类似阿魏这种古怪而强烈的调味品。在中国，西南一些地方的人也喜欢吃有强烈腥味的鱼腥草。它属于三白草科，学名"蕺菜"（*Houttuynia cordata*），产于我国长江流域以南各省，南北朝的时候陶弘景所著《名医别录》中已经有记载，唐代苏颂《唐本草》中说它"生湿地，山谷阴处亦能蔓生，叶如荞麦而肥，茎紫赤色，江左人好生食，关中谓之蕺菜，叶有腥气，故俗称鱼腥草。"这是江南人在唐代生吃的野菜，后来随着经济发展和饮食风尚改变，江南人就不怎么吃了，只有西南云贵川有些人喜欢在烹饪中使用它。

番红花

远方的神秘香料

如今提起"郁金香"（*Tulipa gesneriana*），大家想到的都是那种有着饱满花朵的著名百合科观赏植物，这是荷兰最著名的物产之一，20世纪30年代才从欧洲传入中国。但是在中国，3世纪就有人提及一种叫"郁金"的香料、药物，唐朝的诗人也写过好多关于"郁金香"的诗，这些文献产生的年代都远在荷兰这个国家形成之前。汉唐时中国人眼中的"郁金"指的是来自西亚的一种珍贵香料，它是鸢尾科植物番红花（*Crocus sativus*）的细长花柱，有特殊的香味和颜色。

我第一次接触到这种香料，是在西班牙旅行时吃当地的海鲜饭，见到里面有一种细细长长的调料，或者金黄色，或者深红色，相当引人注目。它们会把汤汁染成淡淡的金红色，看上去十分赏心悦目，而干燥的藏红花自身的味道闻起来是淡淡的干草与香菇混合的特殊气味，嚼起来略带苦涩，因此西班牙、意大利餐馆用番红花时都是撒一点点，突出它的明媚的色彩，充当让菜品"出色"的点睛之笔。

开青紫色花朵的番红花原产欧洲南部地中海沿岸和亚洲西南部，这些地方的人早就发现它具有染色的功能，它含有的类胡萝卜素可以染出金黄色或者红色，把干燥的藏红花花蕊、柱头放在水中，会因浓度不同而依次显示出浅黄、金黄、橙色等色彩变化。在现在的伊拉克，人们发现过5万年前以番红花作为颜料绘制的岩画，

番红花　手绘图谱　皮埃尔-约瑟夫·雷杜德（Pierre-Joseph Redouté）1833年

111

后来附近的闪族人把番红花作为一种急救药使用。在公元前 1000 年，希伯来人的《塔纳赫》(*Tanakh*) 中首先记载了番红花可以作为香料。

在希腊克里特岛王宫遗址的壁画上，绘有年轻姑娘和猴子采摘番红花时的场景，表明至少在公元前 1500 年的克里特文明时期，人类就开始栽培番红花。古希腊人、罗马人、埃及人都把番红花作为治疗胃肠病的药物，同时也作为香料用来调味或者制作香料酒，据说它有助于催情。生活简朴的西塞罗批判罗马权贵对番红花的推崇，说泥土的味道要比番红花更好闻，而对饭菜来说，最好的香料是饥饿。

从公元前 10 世纪起，番红花就是波斯人供奉给神的鲜花之一，他们也用番红花染地毯、当调味品，直到现在，伊朗人还在大米饭或馕上加入番红花来提味、调色。横扫了波斯的亚历山大大帝 (Alexander) 和他的希腊士兵把番红花沐浴的习惯带回马其顿王国 (Macedonia) 治理下的土耳其一带，这一带从那时候就开始栽种番红花。

采摘番红花 壁画 公元前 15 世纪 希腊圣托里尼岛阿克罗蒂里遗址

埃及艳后克娄巴特拉 (Cleopatra) 喜欢用番红花颜料化妆，还和罗马皇帝一样，爱在沐浴时加入番红花来个"香水浴"。后来的罗马暴君尼禄也曾是番红花的爱好者，在他返回罗马时，街道上会铺满番红花迎接他。

到了罗马帝国晚期，成为国教的基督教提倡简朴克制的生活，加上接连战乱和经济衰败，罗马人对番红花的热衷大大降温，此后几百年，西欧人对这种植物不闻不问。直到 10 世纪，北非的摩尔人把番红花移植到西班牙，后来十字军东征也从中东引种了一些。也许是受到摩尔人的影响，现在西班牙、意大利、法国南部的一些菜式中常用番红花调味，如著名的西班牙海鲜饭、米兰烩饭、马赛鱼汤就是如此。

由于番红花比较稀有和昂贵，一度与黄金等值，只有富人才用得起，在波斯和中亚，很多人常以红花（*Carthamus tinctorius*）冒充或代替番红花。红花是双子叶植物纲菊科一年生草本植物，花是橘红色的，与番红花不同。另外，印度人常以姜科植物姜黄（*Curcuma longa*）的根茎代替番红花做药材或调味，因其没有番红花的香气而被西方戏称为"印度番红花"。佛教徒也用番红花礼佛，传说释迦牟尼去世后的裹尸布就是用番红花染的，之后佛门弟子一直以番红花染的颜色为法衣的正式颜色，佛经中记载"郁金"不仅可以用于做法事时燃烧，还可用于涂抹经文、洗浴、治病。

番红花香料传入中国的时间是个有趣的话题。商代的甲骨文有"郁"字，《礼记》中记载周朝人用调入"郁"的"鬯酒"祭祀祖先和神灵，汉代人郑玄认为"郁"是佩兰一类中原香草，而当代史学家饶宗颐认为这里的"郁"就是番红花的花柱制成的香料，它早在商代就从西域传入了中原。商周时期"鬯酒"是敬神、宴饮和赏赐的珍贵酒品，只有王侯阶层才用得起。后来人们把"郁"这种香料也称为"鬯草""郁金"，把酿酒人称为"鬯人"。

郁金香料在汉晋之际随着佛教大规模输入中国，佛经里把它翻译成汉名"荼矩摩"。东汉桓帝时期的尚书朱穆曾经写《郁金赋》，歌咏郁金是"椒房之珍玩"，可见它也曾是贵族女子珍视的香料。汉桓帝信奉佛教，曾从中亚引种郁金到宫廷中种植，供自己和皇后观赏，这才有了官员的称颂诗文。

西晋皇室也曾在皇宫种植"郁金"，晋武帝的妃嫔左芬、驸马都尉傅玄曾创作《郁金颂》《郁金赋》歌咏此事，描述十分详细，如傅玄在《郁金赋》描写了它的叶子、花朵，夸赞说它味道远超苏合香、艾草等香料：

叶萋萋兮翠青，英蕴蕴而金黄。

树庵蔼以成荫，气芳馥而含芳。

凌苏合之殊珍，岂艾网之足方。

荣曜帝寓，香播紫宫。

吐芬扬烈，万里望风。

汉唐之间的中国史书多次提及西域等地的小国给中原皇帝进贡这种昂贵香料，并认为它出产于波斯、阿富汗等地。魏晋人鱼豢所著《魏略》提到大秦（罗马帝国）出产郁金这种香料，记录南朝时梁朝历史的《梁书》称印度海边的贸易市场上有大秦来的郁金等香料。南朝的开国君主萧衍在《河中之水歌》中提到当时的贵妇家中使用郁金、苏合、都梁等香料，可见当时它在贵族中极受重视。

当时佛教大量使用香料举行法事，如每年农历四月初八浴佛节时僧人会用郁金香浸泡过的赤色水以及用其他 4 种香料制造青色、白色、黄色、黑色的水，从佛像头部浇下洗佛，这是当时盛大的佛事活动，许多信徒会到佛寺朝拜佛像、施舍钱财、食品和香料。佛教徒还相信，用郁金香等香料浸泡的香水经念诵咒语然后再用于洗浴，可以消除疾病、罪恶[①]。在那个时代，贵族的奢侈消费和佛寺的法事活动带动了香料贸易的大发展。

从汉代到唐代，郁金都是价格最高的香料之一，唐太宗贞观二十一年（647年），史官记录北印度伽毗国进献郁金香，说它的叶子像麦门冬，9 月开花，花朵形如芙蓉花，颜色是紫碧色的，可见描述的就是今人说的番红花。在唐玄宗天宝年间，麝香是价格最贵的香料，其次是沉香、郁金香，再次是白檀香、丁香等[②]。

这时仍然流行用郁金泡酒，比如李白就写过"兰陵美酒郁金香，玉碗盛来琥珀光"，这里提到用番红花花柱泡过的酒散发出琥珀一样橙黄的光泽。此外，唐代的《本草拾遗》也将郁金香列为药材。郁金也是流行的熏香，经过特别处理的郁金香洒在衣服和帘帷上会散发出持久的香味，卢照邻的"双燕双飞绕画梁，罗帷翠被郁金香"说的就是这般旖旎的风味。当时的高级艺妓也常常使用郁金香熏衣增加情调，如白居易就曾描述当时艺妓的穿着和香味是"郁金香汗裛歌巾，山石榴花染舞裙"。

唐宣宗以前的唐代皇帝在出行时，侍从会先在地上用加入郁金、龙脑等香料的水洒地或者用龙脑、欲金熏过的地毯铺地，唐末，五代十国时割据四川创立

---

① 余欣，翟旻昊 . 中古中国的郁金香与郁金 [J]. 复旦学报（社会科学版），2014，56(3)：46-56.
② 池田温 . 中国古代物价初探——关于天宝二年交河郡市估案断片 [J]. 韩昇，译 . 唐研究论文选集 . 北京：中国社会科学出版社，1999：122-189.

"大蜀"政权的王建恢复了这一奢侈制度，他的妃子花蕊夫人徐氏写的《宫词·其七十三》记述了这位大蜀皇帝出行时红地毯上香味飘荡的情景：

> 安排诸院接行廊，外槛周回十里强。
> 青锦地衣红绣毯，尽铺龙脑郁金香。

唐代以后西域对中原王朝的香料进贡大为减少，郁金就很少出现在诗文典册中了。直到元代，蒙古人远征波斯时把大量番红花当战利品带回来，才有了新记录。在中国，番红花并没有成为调料，元代以来主要被当作活血通络、化瘀止痛的药材。明清时期，克什米尔地区所产番红花干货多由印度经过西藏传到中原，《纲目拾遗》《植物名实图考》的作者误以为它是西藏所产，加上其色红如菊科植物红花，故而有了"藏红花"这个名字。

20 世纪初，全世界番红花的年产量约 210 吨，其中伊朗产量最大，土耳其、西班牙、克什米尔也是主要的出产地。在中国，1965 年商业部药材公司通过驻西德大使馆引进了 200 个番红花球茎，分别交给北京西北旺药物试验场（现中国医学科学院药物植物研究所）、杭州药物试验场、上海市药材公司、四川南川药物试验场（现属重庆市）等 4 家单位试种，杭州药物试验场试种成功以后，商业部又批量引进了番红花球茎，在杭州药物试验场和建德市三都镇进行了规模化种植，这里的专家参照日本的先进经验和浙江气候特点，首创了"露地育球室内开花"的两段栽培模式，之后又推广到上海、江苏和山东等地进行人工栽培，之后国产番红花基本替代了进口产品。因为西德的这种品种球茎偏小、产量偏低，1970—1984 年国家药材公司数次从日本购买球茎大、柱头长而宽、花朵数多、产量高的新品种进行栽培，如 1979 年上海市药材公司在崇明岛成功栽培从日本大丰县引种的番红花，把这里发展成为国内又一著名的番红花商业种植基地。除了建德三都镇、崇明岛，如今云南、江苏、安徽、河南等地乃至西藏也有番红花的商业化种植。

因为国内多数地方的气候和地中海沿岸的气候差别更大，一般都采取冬春在室外田地培育球茎，待气温升高，5 月初地面上的叶子全部枯萎后用人工或者球茎收获机将其球茎挖出，去除枯叶和老根，放进室内组合式栽培架的栽培盘中越夏和休眠，一直到9月中旬种球才会发芽，11月开出淡紫色花朵。每朵花中央有3根线形的黄色雄蕊，柱头是深红色的。采摘花朵后要靠人工将这些雄蕊一根根剥出来并及时烘干或晾干，否则其中含有的活性成分含量会流失。从品质来看，深红色的干燥柱头的品质最佳，价格也最昂贵；其次是红色柱头和黄色柱身混合的产品，品质和价格都居中；全部是黄色柱身的产品，品质和价格比较低。

番红花的产量非常低，1亩地能产出200～1000克干燥柱头，近20万朵番红花中摘到的雌蕊柱头晒干后才有1000克，市场价格约为10万元人民币，是世界上价格最贵的香料之一。它在中国主要被当作中药材，也有少部分用于制造花茶、当调料。

百里香

土人用的调料

　　我在南欧旅行时，常常吃到用银斑百里香（*Thymus vulgaris*）调味的菜。意大利人、西班牙人常把它加在炖肉或汤中，它的特点是长时间加热后香气和味道才会完全散发出来，所以炖菜、做汤时要尽早加入，以使其充分释放香气，火腿中也经常有它的味道。后来发现当地一些人家就在阳台上种几小盆，只有十几、二十几厘米高，全身都有浓烈的香气，开紫色的小花，可以当香料，也可以观赏，做菜做汤需要的时候随手摘几片就能用。

　　唇形科百里香属植物有 400 多种，其中多种植物的花和叶都有香味，通称为"百里香"。百里香原产地中海地区，后来传播到非洲北部和欧亚大陆温带地区。西亚、北非、南欧人采集使用百里香的历史悠久，古波斯人可能 3000 多年前就开始人工栽培百里香用于园艺观赏，古埃及人利用百里香作为防腐剂，古希腊则用于沐浴或在神庙当香熏献给维纳斯等神祇。他们相信它代表勇气，所以中世纪经常把百里香枝条赠给出征的骑士。古罗马人将百里香传播到其他地区，因为他们习惯将之置于房间僻味，以及为芝士和酒添加香味。欧洲中世纪流行将它置于枕头下催眠及抑制噩梦，丧礼中会把它放入棺材中确保死者顺利转生。

　　百里香在南欧比较常见，很多人都是采集野生的百里香使用。20 世纪后期，瑞士、意大利等地出现了商业化栽培，主要用于生产精油。它的香味中略带一丝清苦，持久而温和，可用于调制香水。

　　百里香在南北朝时已经传入中国，南朝人写的《述异记》提到一种"紫述香"，就是开紫花的银斑百里香，当时人们把晒干的它当香料或药材，因为香味浓烈又称为"麝香草"，但并没有流行。后来因为种子易携带，就被带到北方各地种植，也在野外广泛生长，变成一种本地植物了。

　　宋代的《证类本草》《嘉祐本草》称它为"地椒"，在上党郡（山西长治一带）

银斑百里香 手绘图谱 沃尔特·奥托·穆勒（Walther Otto Müller）1887 年

常见。如今在华北、西北、东北的很多干旱、半干旱山区，草坡上都有野生地椒。如陕北榆林、延安黄土高原的沟谷、山涧常可见这种香草，叶片小而扁圆、开紫色小花，总是一丛丛长在山石缝隙，摘下来就能闻到一股清香，本地人叫作"地芨芨"，煮羊肉时常用它调味。

用地椒作为羊肉的调味品是辽金元时期草原民族带来的习俗，元代的《居家必用事类全集》中有用百里香给煮驼峰、驼蹄调味的记载。元代许多汉族文人都曾在上京（今内蒙古锡林郭勒盟正蓝旗东闪电河北岸）见过当地到处长有地椒，当地人经常用它调味，尤其是搭配羊肉吃，如河南文人许有壬在随皇帝到上京时写了《上京十咏·其九·地椒》：

> 冻雨催花紫，轻风散野香。
> 刺沙尖叶细，敷地乱条长。
> 楚客收成裹，奚童撷满筐。
> 行厨供草具，调鼎尔非良。

他觉得这是出行途中凑合用的香料，并不适合自己的口味，那些爱吃羊肉的蒙古贵族想必并不赞同他的看法。

　　李时珍《本草纲目》记载，北方出产的地椒"味微辛，土人以煮羊肉，香美"。而其他地方的人嫌弃它味道浓烈，并不怎么使用，如《香本纪》说江苏有种麝香草"色如红蓝而甚芳"，似乎就是百里香，但几乎没人当它是香料或药物。

　　百里香重新流行起来，还是 1990 年西餐在国内逐渐流行后——百里香从法国、意大利、希腊风格餐馆中逐渐走到都市时尚人家的餐桌上。现在有的花市中也能买到百里香，国内一些地方也有了商业化种植。

迷迭香

从香囊到调料

　　我在意大利时，发现他们喜欢在烤制食物前用迷迭香之类的香料腌肉，比如"佛罗伦萨牛排"就是以迷迭香腌制。有些地方还把干燥的迷迭香粉末用葡萄醋浸泡，作为长条面包或大蒜面包的蘸料。

　　迷迭香（*Rosmarinus officinalis*）是唇形科灌木，原产于地中海沿岸和西亚。这种有刺激味道的香草很早就被欧洲人当作药草、献祭之物，在古希腊和古罗马都被用来祭神。古希腊人将迷迭香编制为花环戴在头顶参加宗教仪式，认为它能够提神醒脑，增强人的记忆能力。在葬礼上，悼念者们会把迷迭香树枝丢进死者的坟墓，代表对死者的纪念。

　　中世纪天主教传说迷迭香曾帮助逃难中的圣母玛利亚和耶稣，这是她的英文"玛利亚玫瑰"（Rosemary）的由来。它也是婚礼上的常客，象征着忠贞。新娘会戴上迷迭香编成的草环，新郎和来宾们也要佩戴一小枝迷迭香，夫妻相互宣誓时喝下用迷迭香浸泡的酒，表示双方爱的承诺。而少女则用迷迭香来占卜，据说如果在不同的盆里种下迷迭香，每盆代表她的一位潜在情人，最终哪一盆长得最好，她就会花落哪家。也有些人相信它的香味可以驱走一切邪物，将迷迭香枝条放在枕下，可以避免做噩梦。

　　中世纪时，迷迭香在欧洲是重要的草药，那里流传着有关它的各种故事。比如有人说 13 世纪，匈牙利女王伊丽莎白瘫痪在床时，有位修道士把 1 磅迷迭香加入 1 加仑酒里浸泡了几天；之后献给女王擦洗四肢，这种药酒竟然治好了她的瘫痪。1603 年，当黑死病（其实是鼠疫，主要靠跳蚤传播）肆虐欧洲时，迷迭香之类的草药曾被认为可以预防瘟疫，价格一度暴涨。当时流行的药酒"四贼醋"（Vinegar of Four Thieves）的配料之一就是迷迭香。传说有四个盗贼在黑死病横行期间盗墓却没有被瘟疫传染，令人迷惑不解，盗贼说自己经常在盗墓之前用草

药熬煮过的醋擦洗身体，就此流
传出"四贼醋"的神奇秘方。

在胡椒、丁香大量传入欧洲
之前，意大利人经常使用本地产
的迷迭香之类的香草调味。迷迭
香作为香料使用的是它的枝叶，
味道类似松木香的清甜并略有苦
味，意大利和法国南部主要用在
汤羹、酱汁和肉类中，特别是给
羊肉、家禽、野味和猪肉调味，
也常常用于烤制土豆或一些根茎
类蔬菜。因为香气浓郁，一般只
会少量使用。近代以来，香水工
业中也从迷迭香中提取精油，味
道类似松木而略带刺激。

东汉末和三国时期，迷迭香
传入中国，魏国皇帝曹丕曾经在

迷迭香　手绘图谱　弗兰兹·尤金·科勒（Franz
Eugen Kohler）　1890 年

皇宫中引种过迷迭香这种跨越万里而来的异域植物，并邀请他的弟弟曹植、官员
王粲、陈琳等前来观赏，他们都写过相关诗赋，曹植在《迷迭香赋》中用他一贯
的华丽文风称赞这种西来的香草：

> 播西都之丽草兮，应青春而凝晖。
>
> 流翠叶于纤柯兮，结微根于丹墀。
>
> 信繁华之速实兮，弗见彫于严霜。
>
> 芳暮秋之幽兰兮，丽昆仑之芝英。
>
> 既经时而收采兮，遂幽杀以增芳。
>
> 去枝叶而特御兮，入绡縠之雾裳。
>
> 附玉体以行止兮，顺微风而舒光。

因为迷迭香的香味独特，曹丕、曹植这样的帝王权贵才会把它当作稀奇事物种植欣赏，并邀请文人品评、写诗。将其采收阴干后装入纱囊、就可以"附玉体以行止兮，顺微风而舒光"，长期享受它的香味。西晋人所撰《魏略》记载，大秦（罗马）出产"迷迭"等12种香料，迷迭可能就是迷迭香。当时迷迭香曾经风行一时，以致成为商人贩运的重要商品，如魏晋南北朝时整理的《古乐府》中提到胡人带来的几种香料中就包括迷迭香：

> 行胡从何方？列国持何来？
>
> 氍毹毾五木香，迷迭艾纳及都梁。

胡商进口的流行货物，除了时人称为"氍毹"的精美织毯，就是各种香料了。"五木香"分别指檀香、沉香、藿香、鸡舌香、青木香；"艾纳香"指从一种菊科植物艾纳（*Blumea balsamifera*）叶片上提取的结晶物香料；"都梁香"则是某种菊科植物的茎叶，可以用来浸泡酒水。

值得一提的是，"藿香"实际是草本植物，但魏晋南北朝时来中原做生意的胡商欺骗说上述5种香料都出自一种树木，所以东西汉和三国时期的著作如《名医别录》把藿香列入"木类"。胡商带来的"藿香"应是当代植物学所称的唇形科刺蕊草属热带植物"广藿香"（*Pogostemon cablin*），晒干的枝叶有香辛味，可以作为熏香衣物的香料和药材，最早见于东汉时广州人杨孚所著《异物志》，说是交趾（越南）出产"藿香"，后世说它出自柬埔寨、马来西亚等地。

早期进入中原的"藿香"多是东南亚进口的干燥枝叶。由于它在热带地方插枝就能生长，适应性很强，很快也在华南落地生根。宋代《本草图经》说它在岭南很常见，因此大约在唐宋之间已经在华南广泛栽种。明代之前的古籍中所说的"藿香"都是指上述热带植物的干燥枝叶，但是明代江浙人把当地所产的香辛味类似的一种温带植物土藿香（*Agastache rugosa*）也当作"藿香"入药，人们常常把两者误认。土藿香是唇形科藿香属植物，与广藿香同科不同属。

广藿香在东南亚、南亚热带地区是传统香料和药物，当地人还喜欢用广藿香香包来熏香抽屉或驱离床上的虱虫。1826年，英国人学习印度人，把干燥的广藿香叶夹在克什米尔布巾中以防蛾蛀，就这样进口了首批广藿香，后来也用在香水中。其香气类似浓郁的樟脑和松香，持久性是已知香料中最好的，常常用在东方风格的香水中作为定香剂。

到唐代，气味更为芬芳、易于保存的树脂类香料大量传入中原，就没有人再重视迷迭香、广藿香这类香草的熏衣作用了，人们仅仅夜间点燃它，用它来驱蚊而已。晚清的时候，丽江出生的纳西族文官牛焘曾夸赞当地所产的一种味道近似沉香的香料"金刚纂"。他在这首长诗中称"夜深试爇博山炉，兰蕙不芳迷迭贱"，可见当时边疆地区的人也把迷迭香当作廉价香料使用。

20 世纪 90 年代，随着西餐馆的增多和西餐的流行，迷迭香作为调料在中国再次走到台前。都市中一些人开始尝试用它调味，一些超市中能见到迷迭香碎叶、干粉。现在南方很多地区，人们都把迷迭香当作园林植物种植，它可以多年生长，耐寒耐旱，能长到一两米高，一年四季开花。

葛缕子

绕道西藏的欧洲风

我在西班牙吃过葛缕子调味的肉食、肉汤、熏鱼，当地人叫作"Semillas de Alcaravea"，它褐色的种子仿如弯月形，外观很像莳萝、孜然，咬碎后味道辛辣苦涩，又类似小茴香，所以容易混淆四者。在亚洲，人们时常把它与小茴香混淆，中国人称为"外国小茴香"，主要用于给肉类调味。

葛缕子（Carum carvi）是两年生欧芹科植物，原产于西亚、北非和欧洲，远从石器时代开始便为人们采集使用。古埃及人喜欢拿葛缕子为食物调味，在他们的墓穴中曾发现碳化的葛缕子。罗马人认为它可以祛除肠胃胀气，把它加入蔬菜与鱼类食物中调味或者餐后直接咀嚼一点葛缕子。

葛缕子在古代最著名的产地是小亚细亚的卡里亚（Caria），它们一簇簇的可以长到 60 厘米高，叶子光滑无毛，柔软而状如羊齿，开粉红色或白色的花，发出类似蒿草的清香。它的果实与茴香、小茴香的极为相似。小茴香籽和葛缕子都是圆柱形的细长条，比较起来，小茴香籽更长、更粗，而葛缕子纤细一些，中间稍有卷曲，味道上葛缕子比小茴香籽多一点辛辣感。

中世纪时，阿拉伯世界广泛使用葛缕子，既是调料又是常备药物。葛缕子也传入了德国、奥地利、荷兰，很受当地人的垂青。至今德国人做的很多香肠、烤猪肉、炖牛肉或是腌包心菜都会用葛缕子，他们常吃的裸麦面包也常用葛缕子提香。我在印度南部的时候，看到当地人常把葛缕子用在面食、煮菜中调味，其翠绿的嫩叶也可当菜吃。

如今，主要是中东、南亚和中东欧国家如德国、荷兰在烹饪中常用到葛缕子。在英国，传说直到 19 世纪早期维多利亚女王的丈夫艾尔伯特亲王才把葛缕子带入英格兰，因为他是德国萨克森 - 科堡 - 哥达公爵的小儿子，从小就吃当地用葛缕子调味的食品。实际上葛缕子早就传入了英格兰，16 世纪起，人们在传统节日

"收获节"上就常吃加入葛缕子烤制的蛋糕，后来英式下午茶中的蛋糕也常常用葛缕子、肉桂作为配料。

葛缕子什么时候传入中原并没有确切的证据，或许在唐宋时就曾被阿拉伯、波斯商人带到中原，只是常常和莳萝、孜然、小茴香混淆，并没有被人细加分辨而已。葛缕子从印度、尼泊尔传入西藏地区也应该有些年头了，如今西藏到处都有野生的葛缕子，是重要的传统藏药和香料，藏民把它的叶子叫作"者布"，种子叫作"廓聂""郭鸟""贡牛"，附近的汉民则称为"藏茴香"。

葛缕子 手绘图谱 弗兰兹·尤金·科勒（Franz Eugen Kohler） 1890 年

每到春天，葛缕子在高原上刚萌发嫩芽时，藏民就会采摘它的嫩苗当菜吃。9 月香味最浓郁的时候，藏民把叶子和果实都采摘下来当作药物和调料使用。他们多是把晒干的叶子或搓或碾，制成细末保存，在煮土豆、炸土豆时都会放一点提味，种子也可晒干后拌入藏式辣椒酱里面。

葛缕子是一种适应性强的植物，不仅西藏有葛缕子，东北、华北、西北也能见到野生的葛缕子，这大概都是千百年前引种并传播开来的。只是汉地人更重视茴香，并不珍重对待这种香料，也没有多少记录和研究。直到 21 世纪，随着欧洲风格餐饮在大城市的出现，用葛缕子调味才逐渐为许多中国人所知。

胡卢巴

香和苦的界限

　　我小时候吃母亲做的烤囊、蒸花卷，常看到她在面上撒黄色的姜黄粉、绿色的苦豆粉，让囊和花卷变得黄灿灿的，带着绿点，好看了许多，闻起来还有一股淡淡的辛香味道——这似乎是西北的饮食风俗。以前农村人常随手在田里种一点苦豆，能长到半米高。植株就有香味，四五月开蝶形白色小花，然后渐变成黄色。在端午节前后，苦豆子叶鲜枝嫩的时节，将茎叶捋下洗净，晒干后揉碎磨成绿色的粉末就可以当香料用。也可以等到五六月，它会结出细长的扁圆筒状荚果，内有十几粒棕黄色的种子，也有的香味不如枝叶那样清新，而是带有较多的苦味，所以我们那里才叫"苦豆"。

　　后来，我在印度、西班牙等地旅行，常常见到他们也拿苦豆做调味料，还有点吃惊，没想到它竟然还是一种在中东、东南亚、南欧常见的"国际流行"调料。印度有些地方把苦豆嫩茎叶当菜吃，印度和泰国的咖喱里面也有苦豆粉，中东的一些酥糖里也会加入它，埃及甚至把烤熟的苦豆种子磨碎了当咖啡、面包配料。据说苦豆子做咖喱粉的关键是掌握油焙的节奏，热油中的苦豆子刚变成红棕色时就好，如果等颜色转成棕黑色，苦味反倒会变重。

　　苦豆也叫胡卢巴（*Trigonella foenum-graecum*），又叫香草、香豆子、芸香草，是豆科植物胡卢巴的种子，原产于近东，它的干燥种子呈斜方形，表面黄棕色或红棕色，磨碎后会产生类似焦糖般的苦味以及芹菜般的甘香。伊拉克考古遗址中发现过 6000 多年前先民采集利用胡卢巴的遗迹，古埃及法老墓中也曾出土胡卢巴，当时它可能主要作为香料用在宗教祭祀仪式中，也是一种催产草药。而古罗马人把它当作牧草种植。1 世纪时，在中东它是一种比较常见的食物调料，有了人工栽培，尔后逐渐东传至印度、巴基斯坦等地。现在主要是南亚、中东、南欧人在使用，印度人吃的咖喱粉常会添加胡卢巴。

宋真宗时的诗人陈亚喜欢用药物名称作诗，他写过"无雨若还过半夏，和师晒作胡卢巴"赠送给一位祈雨的僧人，可见当时已经用胡卢巴做药材。稍后的嘉祐年间（1057—1061年），《嘉祐本草》中说它出自广东、贵州，医药学家苏颂还将广州胡卢巴的图谱作为分辨药物真伪的依据。他所见的胡卢巴应该是阿拉伯商人从南亚等地携带进口的"番夷"药材，人们误以为这是华南所产。

西北地区用胡卢巴做烤馕、花卷的历史估计至少可以上溯到元明时期，可能蒙古人西征的时候把阿拉伯地区的胡卢巴传入新疆、甘肃等西北地区，当作药材、香料使用，维吾尔、西藏传统医药学中都有关于用它入药的记载。

胡卢巴　手绘图谱 奥托·威廉·托梅（Otto Wilhelm Thome）　1885 年

甜月桂

阿波罗的圣树

　　中国古代常把桂树和月亮联系起来，诗文中也常常用"月桂"这个美称来指桂花树，给人们辨识这几种植物造成小小的困扰：20世纪民国人士把海外传来的几种樟科植物叫作"月桂"或甜月桂。这些近代才从海外引入的樟科"甜月桂"和清代以前中国诗人们歌颂的桂花树（木樨科木樨属植物）从植物分类学上来说没多大关联，只是都长得高大直挺，花也是黄色的，近代人翻译欧洲甜月桂的名字时也就加了个"桂"。可是它长矛状的长叶和桂花树明显不同，而且开花是在4月，枝、叶、花都有香气，和农历八月开花、只有花朵才有香味的桂花树大不相同。

　　樟科的"月桂"包括好几个品种，比如叶子可以做调料的甜月桂（*Laurus nobilis*）、供观赏的加利福尼亚桂树（*California laurel*）和可以提取香精的香水月桂（*Pimenta racemosa*），其中名声最大的就是原产于地中海北岸的甜月桂。甜月桂的叶子呈长椭圆披针形，长约3英寸（约7.62厘米），叶面光滑。在中世纪，月桂叶晒干以后供药用，现在通常使用整片干月桂叶给炖菜调味或装饰餐盘，也有磨碎的月桂粉出售。它味道芬芳，略有苦味，主要用于腌渍或浸渍食品，是南欧人腌制罐头食物爱用的一种配料。

甜月桂　手绘图谱　伍德维尔（Woodville）、霍克（Hooker）、斯普拉特（Spratt）　1832年

对古希腊人来说，甜月桂是种常见的树木。他们认为这是阿波罗赐予神力的植物，可以抵抗巫术和闪电，所以他们将月桂树叶编的帽子授予竞技的优胜者，这就是"桂冠"的来历，以后成了胜利的代名词。古希腊神话说太阳神阿波罗爱上了河神的女儿黛芙妮（Daphne），可是风姿绰约的黛芙妮不为他所动，见了阿波罗拔腿就跑，心急火燎的阿波罗在后边穷追不舍，情急之下，黛芙妮就请父亲把她变成一株月桂树。这让阿波罗徒然感伤，他决意"愿你的枝叶四季常青，装饰我的头，装饰我的琴，让你成为最高荣誉的象征"。出自17世纪的雕塑大师洛仑佐·贝尼尼（Lorenzo Bernini）之手的《阿波罗与黛芙妮》就生动地刻画了这个故事。

阿波罗与黛芙妮　扇面　意大利匿名艺术家1730—1760 年

欧洲古钱币上头戴月桂冠的主神宙斯

另外一个版本的说法是，阿波罗杀死了危害德尔菲的恶龙后，戴着用甜月桂枝叶做的荣冠，以征服者的身份进入德尔菲城，所以甜月桂头冠成了尊敬、胜利、声誉的象征。一开始，希腊人用甜月桂枝叶编成冠冕，授予祭祀太阳神那天赛跑中获胜的人，后来在希腊各城邦举行的奥林匹亚竞技中，胜利的人也会得到用甜月桂树叶编成的"桂冠"。

古希腊、罗马人做的阿波罗塑像往往在头发、琴和箭袋上饰以甜月桂的枝叶。

手拿箭头的青年画像 油画 乔瓦尼·安东尼奥·博塔费奥（Giovanni Antonio Boltraffio） 1500 年 圣地亚哥亭肯美术馆

在供奉太阳神阿波罗的圣地德尔斐的巨大神庙里，女祭司口嚼甜月桂树叶，手摇甜月桂树枝，在金制阿波罗塑像前祈祷，在她逐渐进入半昏迷状态时说出一些模棱两可的语句，即所谓的"神谕"，这在古希腊人的宗教、经济与政治中都产生过重大影响。后来罗马统治希腊时这种求神问卜之事逐渐减少，到 390 年，信奉基督教的罗马皇帝狄奥多西一世下令封闭这所神庙，此后德尔斐沦为一片废墟。

英国人所说的"桂冠诗人"是由上述古希腊典故衍生出来的。"桂冠诗人"始于 1616 年，当时英王詹姆斯一世授予诗人本·琼森一笔薪俸，琼森则为国王写一些应景诗歌，职责就像当年唐玄宗御前的翰林李白一样。1668 年这正式成为宫廷职位，此后，英国名士乔叟、丁尼生、休斯都曾担任过这一职位，在 1820 年之前，桂冠诗人的主要任务是为国王撰写祝贺新年和生日的颂诗。1843 年，维多利亚女王任命华兹华斯为桂冠诗人后，废除了这些任务，"桂冠诗人"成了一种荣誉，而不再执行特定的任务。

作为亚热带树种，甜月桂 20 世纪初传入中国以后，在长江流域以南，江苏、浙江、台湾、福建等省都有种植，别名香叶、香桂叶、桂叶、天竺桂等，但是中国人极少使用甜月桂的叶子调味。

茴芹与茴香

怀抱的味道

希腊的乌佐酒在国内多翻译为"茴香酒"，其实它最主要的调味成分是南欧常见的香料"茴芹"，叫"茴芹酒"更准确。这种酒本是无色透明状，倒入冰水中就会变为乳白色，这是因为茴芹精油的一些成分可以溶于高浓度的酒精但不能溶于水。所以加入冰水中，酒精度降低后就有一些无法溶解的成分以液滴的形式混在水中，让杯中变得浑浊，犹如出现了乳白色云絮。这让它看上去类似米酒一样"人畜无害"，味道也是甜中略带清苦，可它的酒精度却高达40度，比米酒高多了，不知不觉就能把人喝醉。

乌佐酒的源头可以追溯到14世纪出现的希腊烈性蒸馏酒"齐普罗"（Tsipouro），据说马其顿阿索斯山上的东正教僧侣首先发现酿葡萄酒过程中剩余的果渣可以制成蒸馏酒，然后传到周围地区。这实际上是贫困山区"物尽其用"的一种节俭做法，后来演变成特殊的地方风味和烈酒类型。这以后希腊人就尝试蒸馏各种香料制酒，1856年在泰利纳沃斯出现了第一个现代乌佐酒厂。

乌佐酒是由葡萄酒多次蒸馏而成，香气主要来自加入的茴芹以及小茴香、八角茴香等。有的品牌是把茴芹等香料混合后与酒一起蒸馏，有的则是用蒸馏后的酒与茴香精油等直接调配而成。不同厂商使用的香料种类、数量配比略有不同，有的还会加入乳香、丁香、肉桂、小豆蔻、芫荽等调味香料。

茴芹

在西班牙，我曾吃过用茴芹腌制的小茄子，估计是受到中东饮食影响的做法。茴芹原产地中海东部和西亚地区，古人很早就开始利用它带有香辛味道的种子。

手绘图谱 弗兰兹·尤金·科勒（Franz Eugen Kohler） 1890 年

它曾是埃及人制作木乃伊的防腐香料之一，传入希腊、罗马后也大受欢迎。在罗马帝国，人们用它来调制一种放在甜月桂叶上烘焙的香料糕饼，名为Mustaceus，一般节日盛宴后食用，据说可以帮助消化。罗马人也把茴芹当作治愈失眠症的草药。

茴芹（*Pimpinella anisum*）是伞形科茴芹属一年生草本植物，传入中国后又称为怀香、西洋茴香、洋茴香、大茴香、欧洲大茴香。散发的甘草香味类似小茴香，但更强烈。

茴芹的种子（茴芹籽）是月牙形，表面坚硬，具有类似小茴香、薄荷、甘草的香味，可以直接食用，或者碾碎后用于饼干、蛋糕、面包、芝士、泡菜、肉食和海鲜中，也可用来制作甘草糖、止咳糖、糖果。作为香料，南欧、德国菜肴里经常用到茴芹，中世纪时英国一度也非常流行，以致政府规定进口茴芹需要征税，抬高了进口茴芹籽的价格。传入西亚、南亚后，茴芹籽成为阿拉伯和印度菜肴中的常见配料，印度有些地方的人爱咀嚼它，作为口腔芳香剂。现在，欧洲、近东、北非、中亚、南亚、北美都有栽培，在西班牙、土耳其、埃及等地比较常见。

16世纪时，茴芹传入美洲，当地人将其作为草药、香料和调味剂。在哥伦比亚，它被用于酿制一种名为"火焰之水"（arguadiente）的酒精饮料。茴芹的根部有时也可用来酿造葡萄酒，种子或者种子榨出的油也可在蒸馏后加入各种酒类中调味，比如意大利的珊布卡（Sambuca）、希腊的乌佐酒（Ouzo）、法国的帕斯蒂（Pastis）——这都是当地人常喝的餐前开胃酒，细品可以发现茴芹的味道。茴芹的幼苗可做青菜或沙拉配菜用。

茴芹可能在唐代已经从中亚传入中原，《唐本草》中有记载，与其他香料混淆称为"怀香"，主要是入药，没有在中原作为香料流行。受到西亚、中亚饮食风格影响的新疆一带常使用茴芹调味，现在依然主要是新疆部分地区在栽培茴芹。

茴香

在印度看到有些地方的人直接咀嚼茴香籽，算是一种清新口腔的嗜好品，这让我想起了小时候吃茴香饺子后口里存留的那一股清苦味道。当时还学过鲁迅的文章《孔乙己》，曾想象过"茴香豆"是怎样一种南方美食，后来去绍兴旅行时才发现这在当地是常见的零食，就是把蚕豆煮一会儿后加入茴芹、茴香、桂皮、酱油和食用山柰等文火慢煮，使调料的味道慢慢从表皮渗透至豆肉中，煮透以后冷却即可。

茴香（*Foeniculum vulgare*）是伞形科茴香属植物，原产地中海沿岸，特点是茎是中空的，可以长到一两米高，开小小的黄色花朵，种子具有辛香甘甜的味道。它的适应性很强，在北欧、亚洲、北美、澳大利亚等地温带地区大量分布。

茴香干燥成熟的果实作为进口香料可能在魏晋时已经传入中原。魏末嵇康在《怀香赋序》中说："余正月登历山之南，见怀香生于草丛之间。曾见斯草，植于广厦之庭，或被帝王之囿，被弃此处，窃怪之，速采之而回，植于中庭。丽花则珠采婀娜，芳实则可以藏书。"此处的"怀香"指的可能是茴香或者茴芹。

茴香传入之初被当作珍贵药草和

茴香 手绘图谱 弗兰兹·尤金·科勒（Franz Eugen Kohler） 1890 年

香料，之后逐渐流散到民间野生。大概后来有了味道更为香醇的香料，茴香只好降低身份，茴香籽、晒干的茎叶成了普通民众的调味品。南北朝医药学家陶弘景提到人们用"怀香"当调味品，"煮臭肉，下少许，无臭气。臭酱入末亦香，故曰茴香。"就是说这种调料可以遮盖肉类腐败的臭味，让香味回来，所以才叫"茴香"。除了用种子调味，人们也食用其嫩绿的茎叶，如凉拌茴香叶、茴香饺子之类。

茴香容易生长，各地多有栽培，也容易与其他模样近似的伞形科植物混淆，形成"同名异物"的现象，如内蒙古、吉林、甘肃等地把伞形科植物莳萝结的莳萝子称作"小茴香"，山西则把葛缕子的种子称作"小茴香""野小茴"等，新疆一些地方也把孜然称作"小茴香"。

元初文人宋无在金陵见到南宋时的行宫被北方人租下来栽种茴香、苜蓿，他写了一首《金陵怀古》感叹今昔之变，诗中的"茴香"可能指的就是上述几种香料之一：

宫砖卖尽雨崩墙，苜蓿秋红满夕阳。
玉树后庭花不见，北人租地种茴香。

清朝康熙年间曾任广东关税官的杭州人龚翔麟初到岭南，曾在一首词《朝天子》中描述自己的新奇见闻，其中之一就是咀嚼茴香醒酒，称为"南方佬"的"花样"：

雷江。瘴乡。到日官梅放。讼庭无事昼帘张。沉水烟初飏。
醒酒茴香。消食槟榔。缓平湖菱芡想。琴堂。笛床。咏不了，蛮花样。

对北非、中东、南亚、东亚人来说，茴香是常见的调料，现在北美也常能见到。印度、中东的人大量食用茴香籽调味。法国、意大利、西班牙等南欧人爱用茴芹而不是茴香调味，不过他们也把新鲜的结球茴香（*Foeniculum dulce*）的地下鳞茎当作蔬菜，味道介于芹菜和八角之间，鲜嫩的地下茎可以直接做沙拉，老一点的可用来炖汤。

八角茴香

在印度南部的辣咖喱中能尝到八角的滋味，我还喝过加入八角等香料调味的玛莎拉奶茶，这是我在印度旅行期间最常喝的街头饮品。越南南部也有用八角等香料调配冰红茶喝的饮品。

八角（*Illicium verum*）是八角茴香科八角属的一种植物。这一属包括近50种植物，分布于亚洲、北美洲热带至亚热带地区，除栽培用作香料的八角外，其他野生种类的果实多有剧毒，误用可能导致死亡。

八角茴香原产越南东北部和中国西南部。它的种子蕴藏在豆荚里，由8个果荚组成，呈星形排列在中轴上，故名"八角"，又因为香味清苦、微辣，介于小茴香和甘草之间，又称八角茴香、大茴香（在某些地方，大茴香指的不是八角而是茴芹籽）、大料。

八角茴香　手绘图谱　玛蒂尔达·史密斯（Matilda Smith）1888 年

北宋人苏颂称八角为"舶茴香"，说明当时中原人见到的是从越南进口的"洋货"。南宋时在广西当官的范成大发现广西江州也出产八角，他在《桂海虞衡志》中记载，当时北方人把南方贩运来的"八角茴香"作为喝酒时嚼的零食。明清时期，八角成了南北各地广泛使用的香料，至今中国还是世界第一大八角出产国和消费国，各种炖肉、卤肉中常常用到这味"大料"。

除中国以外，八角茴香也是南亚、东亚和东南亚众多国家烹饪常用的调味料之一，在越南、印度、菲律宾种植较多，通常用于在炖菜或焖菜中去腥增香，也是印度咖喱的主要成分。1578 年，英国航海家托马斯·卡文迪什（Thomas

Cavendish）首先从菲律宾带了一些八角回到欧洲，此后欧洲人长期以为这是菲律宾的特产。17 世纪，英国人把八角放入茶、水果蜜饯中调味，法国的一些茴香酒中也用到八角，但是近代以来辛辣而清苦的八角在欧洲已经很少使用，只有喜欢尝试各种香料的南欧人偶尔食用，目前在法国、意大利、摩洛哥有少量种植。

八角不仅是调味料，还是食品工业的重要原材料，从八角中提取的带有清新味道的"茴香脑"等成分广泛使用在口香糖、牙膏、可乐、糕点、糖果、烟草中，南欧流行的多数茴芹利口酒中也往往用到八角提取物，味道类似茴芹但更强烈，价格更低，因此常用来代替茴芹精油使用。医药方面，八角也扮演着重要角色，绝大部分商业化的八角种植都是为了提取莽草酸这种药物原料。

山葵和辣根

给刺身一点颜色

大学时代，我和朋友吃最便宜的 49 元日式自助料理，那时候对"绿芥末"印象深刻，有的人爱在吃寿司、生鱼片时使劲蘸这种绿牙膏一样的酱料，像我这样的则只是勉强跟着尝一点。

很久以后才发现，我们当时称为"绿芥末"的这种酱料，其实和芥菜、芥末无关，而是山葵或辣根的根磨成的细泥。十字花科植物山葵（中文学名山萮菜，*Eutrema yunnanense*）喜欢阴湿环境，春天开白色的小花，根茎多为浅绿色。因为山葵人工栽成本、产量少、味道也容易挥发，不好保存，因此价格较高，只有中高端餐馆才会提供真正的新鲜山葵酱给食客，日本人称为"wasabi"。

以前人们以为山葵原产于日本，只有日本有野生品种，但是 1990 年以来研究者在四川、贵州、重庆的山岭溪壑发现了多个野生山葵品种，证明中国也有野生山葵，只是以前并没有利用过这种长在深山的植物，也没有给予命名和相应的人工栽培，目前世界各地栽培的山葵都来自日本的驯化品种。

山葵在日本最早用汉字"委佐俾"称呼，奈良县出土的 685 年的木简上有"委佐俾三升"的字样，那时候日本人就把山葵籽当作药物或者食物。奈良时代颁布的"赋役令"中首次出

马头鱼、石斑和山葵　浮世绘　歌川广重　1840—1842 年

现"山葵"这个汉字名称。据日本镰仓时代编纂的《古今著闻集》，堀川院天皇于 1221 年后继位时，兵库县多纪郡进献的贡品包括御屋山的野生山葵，也不清楚那时候是当药物还是食物佐料。

用山葵泥搭配刺身食用似乎是 17 世纪江户时代才兴起的习俗，开始是贵族才能享用的美味。庆长年间（1596—1615 年），静冈县有村民采来野山葵在村头溪流中试种，村人效仿纷纷引种，后被村长敬献给静冈市出身的幕府将军德川家康，家康随即规定有东木村的山葵不得外卖，列为敬奉天皇、将军的贡品，平民偷食犯法。到天明年间，日本各地已陆续试种山葵，但规模比较小，明治维新时平民食用山葵的禁令取消，山葵栽种才多起来。

日本殖民统治中国台湾时，于 1914 年把山葵引种到阿里山等地，主要供出口日本和当地日餐馆使用。20 世纪 90 年代，有商人在云南、四川、重庆、贵州等地引种日本的栽培山葵，如今，云南、四川等地已经颇有规模，主要供出口和供应日餐馆。

新鲜完整的山葵植株并不散发辛辣味道。当根状茎被切开研磨时，它包含的芥子酶和硫葡糖苷才发生反应，生成辛辣冲鼻的异硫氰酸酯类化合物，气味和芥末有一点类似，但是烈度较为清淡。

为了加工山葵根，日本人发明了一种有凸凹纹的传统磨泥器"oroshigane"把山葵根磨成泥，山葵成品是深深浅浅的淡绿色。据说正统吃法是在鱼生一面蘸山葵酱，另外一面蘸酱油吃，不可以让酱油和山葵预先直接接触，那样会破坏山葵的香辛味道和口感。如今，日本还有用山葵调味的酒、酱料、面包之类的食品饮料。

因为山葵价格高，如今多数日式料

辣根 手绘图谱 乔治·克里斯钦·欧德
（Georg Christian Oeder） 1761—1883 年

理店常提供味道类似的另一种植物辣根（*Armoracia rusticana*）的酱泥给大家蘸用，这是十字花科马萝卜属植物，原产地中海沿岸和西亚，近代传入日本后被称为西洋山葵、西洋山嵛菜。日本餐馆率先用辣根酱代替山葵酱使用，它的根茎是淡黄色的，需要用绿色食用色素调配以后才能变成浓厚整齐的鲜绿色，与山葵酱那种有层次的淡绿色有别。

辣根实际上是一种更早得到利用的植物。3500 多年前埃及人就利用辣根，古希腊人、古罗马人认为它是从波斯传来的，把辣根当作药物。16 世纪，德国人发现用奶油、糖和醋等调料减弱、融合辣根的口感，制作酱料用于煮汤、烧烤等，至今欧洲人还常在烧烤酱中用辣根作为配料之一。英国人比较喜欢吃辣根酱，所以 20 世纪初英国商人率先把辣根引入上海郊区种植，后来传播到附近地区，现在国内人工栽培的辣根都主要供日餐馆使用。

曾经有人质疑过一些日餐馆用辣根冒充山葵。用山葵还是辣根，对餐馆来说可能主要考虑的是采购成本，两者价格差别极大，而从科学角度看，辣根和山葵根散发辛辣味道的主要都是异硫氰酸酯类有机化合物，具体成分略有差异而已，似乎不用掩饰什么。可是，"辣根"这个乡土风格的植物似乎并没有"山葵"听上去高级，色彩也没有那么青绿，对饮食风尚来说，相比实际吃到的物质成分，人们喜欢什么食物、调料，也依赖于对味道、颜色、稀有程度、历史渊源的"文化区分"，这也是影响人们吃不吃、是否吃得"津津有味"的重要因素。

生姜与姜黄

辛辣的两种命运

在印度的时候，我常常被农贸市场上的香料堆迷住，尤其是以红色的辣椒粉、深橘色的姜黄粉最为醒目，这都是咖喱粉里最常见的成分，在印度很多美食中都大量使用。我小时候在西北小城也常吃油泼辣椒面，吃姜黄粉做配料做的馒头、锅盔之类面食，白面上鲜艳的黄色格外引人注目。但是在印度，各种咖喱、炖菜、面食中大量使用姜黄和其他各种香料，分量十足，吃起来简直是"味蕾大爆炸"，我硬着头皮吃了几次之后不得不"退避三舍"。

在 17 世纪欧洲探险家把原产美洲的辣椒传入印度之前，姜黄、生姜已经是印度人最主要的辛辣调料。至于印度人为何喜欢吃这类辛辣调料，科学家和历史学家有各种解释，最常见的说法是辛辣调味品可以掩盖粗粝食材、变质食材的味道，使其变得可口。这似乎可以说得通，比如在中国西南最早流行吃辣的地区多是偏僻山区和沿江的船夫等下层人群，他们喜欢各种咸、辣的下饭蔬食，也有人认为这是一种"良性自虐"，这类辛辣调料让人的口舌、神经产生灼烧感，刺激人产生紧张、兴奋、冒险的快感，这似乎可以解释今天很多享受"超级辣"的年轻人对辛辣食物的爱好。

原产于印度的姜黄（*Curcuma longa*）和原产于东南亚的生姜（*Zingiber officinale*）传入中国后，命运也有差别，姜黄似乎只在西北地区流行，而生姜最终大行其道，至今还是主流调味品之一。

姜黄

姜黄又称黄姜，为姜科姜黄属植物，南亚和东南亚都有野生品种分布。印度人最早人工种植，后传入东南亚、西亚和东亚。早在 4000 多年前印度人就用它的根茎磨成的深黄色粉末"姜黄"作为香料、染料和草药，梵语称为"kuṅkuma"。

古印度典籍《阿育吠陀》（Ayurveda）中提到姜黄可以用来滋补胃和净化血液，以及治疗各种皮肤疾病和愈合伤口。至今印度许多宗教仪式中仍在使用姜黄香料，苦修士会用姜黄在身体上图绘宗教符号，许多地方的婚礼上能看到新娘、宾客身上用姜黄等香料绘制各种吉祥的图形符号。这常常要花费新娘一两天的时间，有专业的绘图师傅按照传统图案绘制。

姜黄很早就传播到东南亚乃至于南太平洋的岛屿上，当地称为"洋苟"（yango）或"仁咖"（renga）。最早提到姜黄的中国医药学著作是唐代的《唐本草》，当时人把它当作类似郁金（番红花）一样的香料和药材，可能也是从印度经过吐蕃、西域传入的。现今爱使用它的也是离印度、中亚较近的西北、西南地区，至今西北很多地方烤锅盔、蒸馒头时会加入姜黄调味和上色。

今天大量使用姜黄作为调料、颜料的主要是南亚、东南亚和中东，比如伊朗人的炖菜里最常用的调料就是姜黄和大蒜，泰国南部使用新鲜的姜黄根烹饪黄咖喱、姜黄汤等。

姜黄　手绘图谱　皮埃尔 - 约瑟夫·雷杜德（Pierre-Joseph Redouté）　1805—1816 年

手部以姜黄染色的舞女　细密画　近现代　印度

141

300 年，罗马皇帝戴克里先曾为了军需让人购买的"阿拉伯番红花"或许就是姜黄，可能如印度、中国一样，罗马人也用它治疗伤口出血。在中世纪的欧洲，姜黄曾是比较常见的调料，被当作昂贵的番红花的替代品，但是近代以后，欧洲人不再使用姜黄作为调味品。

生姜

原产于东南亚热带雨林的生姜很早就被当地人作为香料栽培并传播到附近的地区。姜至少在春秋时代就已传入中原地区。《礼记·檀弓》把姜和肉当作主要搭配，正式宴会上吃肉一定要配生姜。孔子说吃正餐的话必须有姜，否则宁肯饿肚子。可见生姜在春秋战国时期为贵族普遍食用。生姜所含的芳香、辛辣物质溶入菜肴中，可除膻去腥，增鲜溢美。

有些人把"生姜"之"姜"和姜子牙的"姜"姓联系起来，以为两者有什么关系，甚至说生姜和姜姓一样是从陕西、甘肃一带发源，这是没有根据的。生姜之"姜"的繁体字是"薑"，是春秋战国时候的人借用表示田地疆界的"畺"音译其梵文名字"srngam"而已，现代才简化字写作"姜"，和表示姓氏的"姜"没有关系。

生姜传入西南和华南的时间应该很早。中国西南地区和印度在古代有漫长的交流历史，公元前 4 世纪，印度人乔胝厘耶（Kautiliya）所著《治国安邦》中提及当地有"中国的成捆的丝"，说明丝早就通过商路传入印度了。公元前 2 世纪，张骞出使西域的时候，在

生姜　手绘图谱　夏普（W. Sharp）　1854 年

大夏（今阿富汗）看到有人使用蜀地出产的邛竹杖，当地人说是从身毒（印度）买来的，可见印度和蜀地早就有贸易交通路线。中国华南地区的人食用生姜的历史应该不晚于四川，因为他们和东南亚早有接触。可是在中国的文化史中，华南最晚被中原文人认知和熟悉，所以对当地物产的记录往往要晚很多年。

秦汉时候，四川出产的姜和广西出产的肉桂是北方人重视的美味调料。《吕氏春秋》里说"和之美者，阳朴之姜，招摇之桂"①，阳朴是四川的一个地方，而招摇是华南的地名。《后汉书》里提到曹操曾经派左慈去搜集松江鲈鱼、蜀中生姜之类的奇珍异物。直到唐代，李商隐还盛赞四川的姜，留下了"越桂留烹张翰鲙，蜀姜供煮陆机莼"的诗句。

生姜应是从四川沿着长江传入湖北湖南和江浙一带的。湖南长沙马王堆汉墓的陪葬物就有花椒、佩兰、茅香、辛夷、杜衡、藁本、高良姜、姜等香料和药材。或许是因为生姜的辛辣味道可以让人感到燥热，古人认为吃生姜可以抵抗湿寒，长沙马王堆出土的汉代医书记载了姜的药用价值，东汉许慎《说文》解释姜为"御湿之菜也"。汉代的方士更是认为姜具有"通神明"的神奇功能，和肉桂一样是被神化的香料。这在四川确实有传统，几十年前，四川一些地方的人出门走山路会在口里含一片生姜，人们相信它可以驱邪。

姜逐渐从南向北传播。西晋时潘岳在河南怀县看到当地"瓜瓞蔓长苞，姜芋纷广畦"，已经有人种生姜。可是因为气候原因，生姜在北方往往长不大，产量低，所以北魏《齐民要术》才说"中国（中原）土不宜姜，仅可存活，势不滋息。种者，聊拟药物小小耳。"②

唐代僧人似乎会在茶中加入生姜一起煎煮，如诗人王建《饭僧》诗所云：

> 别屋炊香饭，薰辛不入家。
> 温泉调葛面，净手摘藤花。
> 蒲鲊除青叶，芹斋带紫芽。
> 愿师常伴食，消气有姜茶。

① 许维遹. 吕氏春秋集释 [M]. 北京：中华书局，2009：318.
② 石声汉. 齐民要术今释 [M]. 北京：中华书局，2009：271.

宋代著名的美食家、诗人苏轼来自四川，自然常吃姜，他也爱在茶中加入姜调味，这与后来英国人发明的姜汁茶不谋而合。英国人是在泡茶的时候放上一节鲜姜和一点糖，焖上十多分钟后再喝。苏轼还在《东坡杂记》中提及杭州钱塘净慈寺有个 80 多岁的老和尚面色红润、目光炯炯，"自言服生姜四十年，故不老。云姜能健脾温肾，活血益气"①。这一时期，僧人和文人都讲究吃姜，对生姜的使用颇为烦琐，还按照产地、做法、成熟度的不同，分为姜芽、仔姜、生姜、老姜、泡姜、南姜、沙姜等。

生姜的英语名字"ginger"可以从法语、拉丁语、希腊语、巴利文一直追溯到印度梵文"srngaveram"，意思是"牛角一样的根"。公元前 4 世纪的印度史诗《摩诃婆罗多》记述，当时的人用生姜做调料炖肉，也把它当草药。

14 世纪活跃的阿拉伯商人、旅行家伊本·白图泰（Ibn Batula）在印度南部喀拉拉看到当地君主吃米饭的时候以腌制的嫩姜做菜。他记载说，美丽的女仆会把装有不同饭菜的盘子摆在国王面前，先用铜勺盛一勺米饭倒进浅盘中，浇上奶油，加入腌制过的嫩姜、柠檬和芒果等，国王一口米饭一口腌菜地吃，吃完以后会依次上家禽肉、鱼肉、黄油烹制的蔬菜、奶制品，都是搭配米饭吃。白图泰还抱怨说他在印度和锡兰的三年里只有米饭而没有面包。他还注意到，到印度做生意的中国商船上，水手会在木槽中装土种植蔬菜、香菜和生姜②，可见那时候生姜是在海船上栽种的调料。

在公元前，干姜作为药物从印度传到希腊，古希腊人唤它"ziggber"，说它使人胃部温暖，可以解毒、帮助消化，可以把生姜裹在面包里吃。罗马人广泛使用干姜作为调料，1 世纪曾在罗马军队中担任外科医生的希腊医学家狄奥斯科里迪斯（Dioscorides）记载，当时厄立特里亚和东非已经有人种植生姜，人们喜欢用鲜嫩的生姜炖汤、炖菜，并且有人把罐装的腌制生姜出口到罗马赚钱。

但是，5 世纪以后，罗马帝国在蛮族入侵下解体，欧洲人对东方香料的爱好就消散了，直到 10 世纪以后，西欧人才在十字军东征时从阿拉伯人那里了解到

---

① 李之亮. 苏轼文集编年笺注 [M]. 成都：巴蜀书社，2011：280.
② 安德鲁·达尔比. 危险的味道：香料的历史 [M]. 李蔚虹，赵凤军，姜竹清，译. 天津：百花文艺出版社，2004：24.

生姜这种东西。当时阿拉伯人控制东西方的贸易，干姜在当时的欧洲是昂贵的奢侈调料，主要是从非洲东部、印度西海岸进口，一度用来给牛奶调味。14世纪，1磅姜粉曾经和1只绵羊等值，可见它还比较贵重。当时生姜被药剂师当作"热"而"湿"的物质，被普遍当作一种增强性欲和精子活力的春药使用。

地理大发现以后，欧洲人从印度移植生姜到欧洲，才有幸吃到了新鲜的生姜嫩根。16世纪时，门多萨（Mendoza）将生姜移植到西印度群岛和热带美洲，后来成了当地人爱吃的调料之一，如牙买加就出产当地风味的生姜啤酒、生姜茶和姜味蛋糕之类食品，有人还喜欢直接捣碎嫩姜作为沙拉配菜。可是在欧洲大陆，多数人对生姜不感兴趣，只是偶然用姜粉调味。英国人则是例外，也许是近代长期殖民统治印度，许多人把印度人吃生姜的爱好带回了英伦三岛，英国菜市场上有生姜出售，他们还发明了姜味面包、姜汁饼干、姜汁啤酒等。18世纪中叶出现的姜味啤酒其实不是酒，而是把姜、红糖添加到苏打果汁里做成的软饮料，但可以和啤酒混合着喝。今天，最爱吃生姜的主要还是南亚、东亚、东南亚、西亚和加勒比海地区的人。

姜是多年生草本植物，从地下根茎长出地面的部分大约能长到半米高。茎笔直向上，像竹叶，散出淡淡的辛香，有的还能开黄绿色花朵，有3片花瓣，挺漂亮。生姜是姜的根茎，有块状分支。刚挖出来的新鲜生姜是鲜黄色的，味道并不太刺鼻，但是晒干以后它的辛辣味道就重多了，"姜还是老的辣"并非虚言。姜是无性繁殖，每年秋天生姜收获之后，农民会把长得饱满的生姜保存下来，第二年春天把种姜放在房间里保温催芽，等种姜上长满指尖大小的姜芽的时候切成小块，每一块上保留几个姜芽，栽种在田里就会长出姜苗，秋天的时候，春天种下的那一小块母姜上就会长出很多新的子姜来。

小时候感冒时，母亲会加入生姜、红糖煮一大碗汤，说喝了这种红色的药水发发汗就能好。我不清楚是否确有效用，只记得那黄褐色的糖水味道有一点怪。后来在咖啡馆里也喝过加热的姜汁可乐，这或许就是从民间土方里演变出来的饮料吧。

东南亚和中国华南还出产大良姜（Alpinia galanga），又名红豆蔻、大高良姜，和生姜一样是姜科植物。大良姜晒干的根部是红色，个头小，和干姜的味道近似，印度尼西亚爪哇等地出产一种个头较大的高良姜（Alpinia officinarum）。大良姜始载于南北朝时的《名医别录》，因为产自高凉郡（今广东省湛江、茂名一带），故名"高凉姜"，后因谐音而讹称为高良姜，即今人所言"大良姜"。

唐代名人白居易在杭州担任刺史时曾经和四川来的和尚韬光交往，他在《招韬光禅师》一诗中记叙自己打算用"红姜"招待这位高僧一起吃斋饭，说明当时杭州已经有人在卖或者种大良姜了。

在欧洲，5世纪时的罗马大将埃蒂乌斯（Flavius Aetius）已经在文章中提及晒干的高良姜根，当时罗马人和希腊人把它当作进口的珍贵药物，中世纪的阿拉伯人和欧洲人也把高良姜当作药材。到16世纪，住在果阿的葡萄牙医生加西亚·德·奥塔（Garrcia de Orta）对中国和印度尼西亚产的大良姜、高良姜作了明确区分。可是之后的两个世纪，欧洲的药草医学衰落以后，就没有人再提起这种药物了，仅有印度、中国的传统医药中对它有所应用。现在，大良姜、高良姜主要是在东南亚和中国岭南地区的饮食中出场，是一种和生姜可以彼此替代的调料。

豆蔻与肉豆蔻

玛莎拉茶的点缀

　　我曾在加尔各答的街头看到一个老头在煤炉子上烧煮装满奶茶的大铜壶，旁边就是污迹斑斑的下水道，配合着这座城市始终带着浮尘的雾霾天气，加上旅行指南上对印度饮水质量的提醒，我开始在有点儿不敢享受这样的街头饮料。后来几次经过这里，发现世界各地来的年轻游客都自顾自坐在一个个小木凳上用小铜杯喝茶，好像也没谁生病，我也就坐下享受了自己的第一杯玛莎拉茶（masala chai），从此在印度各地喝了各种口味的玛莎拉茶。这些茶大多都是用当地的水牛奶、茶叶和豆蔻、茴香、肉桂、丁香和胡椒等各种香料一起熬煮的奶茶，有些高级一点的地方会放绿豆蔻。

　　姜科的小豆蔻属、豆蔻属有几种植物所产香料的外形和香味有类似之处，人们一开始把这类植物的种子笼统称为"豆蔻"，后来才逐渐细分为绿豆蔻、黑豆蔻、白豆蔻、草豆蔻等。

　　中国人最早熟悉的"豆蔻"也就是现在所谓的"草豆蔻"（*Alpinia katsumadai*），原产于印度尼西亚爪哇岛、越南和泰国等热带地区，一般要在种植七八年后才能挂果，在华南是农历二月前后开红色的花，所结果实即为草豆蔻，未成熟时有栗子般大小，晒干后体积会收缩变小。

　　三国时期，魏国曾派使节到吴国求

绿豆蔻　手绘图谱　弗兰兹·尤金·科勒
（Franz Eugen Kohler）　1890 年

购豆蔻，西晋人左思在《吴都赋》提到建康有豆蔻这种香料，可见它很早就作为珍奇货物从东南亚传入这座江南大城。西晋太康二年交州（今越南河内）向洛阳的晋武帝进献了一筐豆蔻，说是可以破气消痰，加入酒中饮用效果更好，当时人还记载东南亚人把它和槟榔一起咀嚼以清新口气、防治龋齿。估计那以后就被引种到两广和福建等地，唐代已经大量进入中原地区做香料，诗人们也熟知它是一种春季开红花的植物，是许多诗人歌咏的对象，如杜牧的《赠别》一诗：

> 娉娉袅袅十三余，豆蔻梢头二月初。
> 春风十里扬州路，卷上珠帘总不如。

这是杜牧离开扬州的时候赠送给情人的诗，在扬州这个繁华的商业城市，或许他品尝过豆蔻并打听到这种香料植物开花的情况。草豆蔻二月初含苞待放，一个个白色的花苞富有曲线变化，似乎随风轻摇，顶上还有一抹淡红色，用来形容十三四岁的少女的确恰当。等它的花苞张开以后，里面则是张扬的艳红色。这首诗引出"豆蔻年华"这个成语，也成为后世诗人一再回味的文学典故。其实对当时的大多数中原文人来说，长着豆蔻的华南被视为蛮荒地域，如另一位唐朝诗人皇甫冉就曾感叹"蛮歌豆蔻北人愁，松雨蒲风野艇秋"，一点儿没有杜牧那样的闲情逸致。当然，在华南人眼中豆蔻开花是美景，如福建南平（今剑浦）人陈陶曾回忆家乡豆蔻花盛开的场景："常思剑浦越清尘，豆蔻花红十二春。"

原产于东南亚的白豆蔻在晚唐才由阿拉伯商人传入中原，最早见于段成式《酉阳杂俎》的记载，说这种外国香料树的外观与芭蕉非常相似，是一种常绿草本植物，开浅黄色的花，"其子初出微青，熟则变白，七月采"。柬埔寨内有一座著名的豆蔻山脉就以出产白豆蔻著称。到北宋时期两广已种植白豆蔻。

绿豆蔻（*Elettaria cardamomum*）又名三角豆蔻、印度豆蔻，是姜科小豆蔻属植物。绿豆蔻原产印度南部的热带雨林，目前在南亚、东南亚和中美洲热带地区有较多栽培。中国的福建、广东、广西和云南也有引种。因为果实是绿色的三面体蒴果，又叫三角豆蔻，每一个果实内含有 15～20 粒黑色或褐色的硬而具棱的细小种子，其种皮能散发出强烈的树脂芬芳和轻微的辛香，作为香料它的种子可以完整使用，也可以磨成干粉。

印度人除了使用绿豆蔻种子调味，还用它清新口气和治疗多种疾病。绿豆蔻早在 3000 多年前就曾传入地中海沿岸，基本都是沿着波斯、土耳其的陆上贸易路线传播到罗马的。人们不仅用多种豆蔻调味，也加入膏油中用来香润头发，只是后来味道更为浓烈的肉豆蔻逐渐取代了它的位置。第一次世界大战之前，德国咖啡种植园主把绿豆蔻引入危地马拉种植，目前危地马拉和印度是最主要的绿豆蔻种植国和出口国。

由于栽培绿豆蔻对排水、土壤等要求比较高，种植较少，产量不高，与藏红花、香子兰一样是现在价格还比较昂贵的香料之一，在中国菜中比较少见。印度、中东、北欧料理经常使用绿豆蔻，伊朗、土耳其人以前常在咖啡、茶里添加，瑞典芬兰人喜欢在面包、香肠和腌鱼中添加调味。

黑豆蔻指豆蔻属植物香豆蔻（*Amomum subulatum*）和皂果砂仁（*Amomum costatum*）的种子，它们比绿豆蔻更大，颜色都是黑褐色，常带有烟熏干燥的烟火气息，比绿豆蔻更辛辣。它和绿豆蔻一样，两三千年前就传入希腊，开始人们常把黑豆蔻和绿豆蔻混淆，公元前 4 世纪的古希腊园艺学家泰奥弗拉斯托斯对二者进行了区分并已经知道这些香料都来自印度。相比之下，因为味道浓烈而有烟火气，黑豆蔻主要用来给肉食调味，而相对清淡一些的绿豆蔻经常添加在甜食、饮料中。另外，豆蔻属植物草果（*Amomum tsaoko*）、砂仁（*Amomum villosum*）也有类似的辛香味道，前者在中国常当作调料，后者主要入药，两者在华南都有引种。

肉豆蔻

肉豆蔻（*Myristica fragrans*）是一种热带常绿乔木，高度可以到 10 米左右，所以采摘果实常需用竹竿敲打。它原产于印度尼西亚的班达、摩鹿加群岛。肉豆蔻树的种子中央核仁部分晒干以后就是作为香料的肉豆蔻（Nutmeg），散发着甘甜而刺激的芳香。一株肉豆蔻树可采约 1500 粒种子，叶与树皮也可提炼肉豆蔻

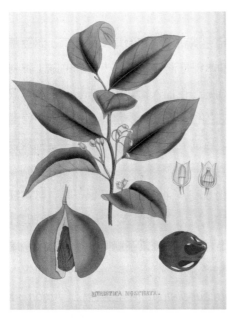

肉豆蔻 手绘图谱 乔·卡森（John Carson）、科林（Colen） 1847 年

精油。

印度尼西亚的班达（Banda）是由6个小岛组成的群岛，因还盛产丁香、肉桂等香料，又被称为"香料群岛"。肉豆蔻是热带常绿乔木肉豆蔻树的种仁，肉豆蔻树高可达十几米，能生长百年。肉豆蔻树分雌雄，雌雄树必须种在一起，否则不能结果。结出的果实类似杏子大小，成熟后果肉会自动裂开，露出包裹在果核外层的橙红色网状组织假种皮（Mace，也称肉豆蔻皮），而最里面的种仁即为肉豆蔻（Nutmeg）。肉豆蔻及其晒干后的肉豆蔻衣都能散发出香气，肉豆蔻衣的味道要清淡许多，常用于绞肉食品、香肠、甜甜圈等食物当中。新鲜的肉豆蔻果实在印度尼西亚等地也被制作成蜜饯吃。人们给果肉拌上糖，晒干后常备在家中当糖果，16 世纪以后这种做法还传入欧洲，曾在一些地方流行过。

公元前 1 世纪，肉豆蔻是伊朗帕提亚帝国（Parthian Empire）最重视的香料之一。古罗马人也对它钟爱有加，把这充满异国情调的香料当作催情剂，称为"令人心醉的果子"。罗马人还将肉豆蔻磨碎后制成香粉，用于熏香或在大型祭祀仪式上点燃，营造香烟氤氲的隆重气氛。

中世纪早期，肉豆蔻似乎在欧洲失踪了，到 9 世纪才有希腊文献提到它。11世纪的拜占庭皇帝曾食用肉豆蔻温胃，以对抗湿气，后来西欧人也有了类似讲究。这时肉豆蔻和桂皮、生姜、胡椒、丁香等的一大用处是给葡萄酒、啤酒调味。当时的酒类生产质量不稳定，而且保存在木桶中，一旦开封，如果短期内喝不掉更是容易酸败，所以人们常常把上述香料混合后研磨成粉添加到酒中，再加上糖或蜂蜜过滤后饮用，比如英格兰流行在啤酒中加入肉豆蔻，甚至成为一种人们追求的风味。14 世纪后期的著名作家乔叟就说，当时不管是新酿的还是陈腐的啤酒都

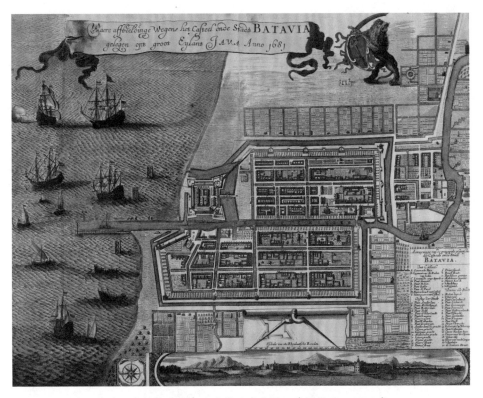

荷兰人绘制的爪哇岛巴达维亚城地图　手绘插画　1681 年

会加入肉豆蔻，还有人把它放在衣箱中防止虫蛀。当然，也有人觉得它可以作用于人的精神，曾有修女认为肉豆蔻可以净化人的心灵，她大概觉得肉豆蔻的滋味、形状都格外特别吧。

　　15 世纪之前，把持香料贸易的阿拉伯商人把大量肉豆蔻出口到欧洲，为了抬高价格，他们刻意隐瞒肉豆蔻的产地，编撰有关它的神奇故事来迷惑欧洲人。地理大发现以后，葡萄牙人控制了从东南亚、印度到欧洲的海上香料贸易路线。16世纪时，肉豆蔻曾是欧亚间主要的香料商品之一。

　　今天肉豆蔻是地中海、北非、阿拉伯和印度菜系的重要香料。成粒的肉豆蔻晒干以后可储放两年以上而不变味，磨成肉豆蔻粉的话，味道只能保存 8 个月。欧洲很多地方常把肉豆蔻粉加入香肠、馅饼、肉酱和糕点中调味，比如意大利一些地方喜欢在蛋糕表面撒一些肉豆蔻粉，有时候也撒在土豆泥、菠菜汤中。

　　肉豆蔻可能在唐代传入中原地区，主要作为治疗消化病症的药物和香料，可

OVER-WINNINGH
van de Stadt
COTCHIN
op de Kust van
MALLABAER.

C. Decker. fe.

胜利女神眺望马拉巴海
岸的科钦城　手绘插画
约翰·纽霍夫（Johan
Nieuhof） 1682 年

是在中国并没有得到广泛流行，很少有人用到它。

唐代医学家陈藏器说海外的大商船才会带肉豆蔻，"其形圆小，皮紫紧薄，中肉辛辣"，当时估计还比较少见。南宋人托名嵇含所著的《南方草木状》中提到，云南弥勒南部进口的肉豆蔻是把果实加入其他调料腌制或者晒干所称，赵汝适的《诸蕃志》则进一步指出，肉豆蔻的产地是爪哇以东的两个岛屿，比欧洲人弄清楚这一点早了 300 多年。

中国人一般仅在炖肉、卤肉时使用肉豆蔻，在广东、云南等地有少量商业种植。

艾与兰

沟通人与神

在南欧旅行时，我尝过几次绿莹莹的苦艾酒，并不是对酒有什么嗜好，只是好奇："苦艾"到底是什么东西？和中国的"艾"有关系吗？味道是怎样的？这类酒入口都有些苦味，品起来似乎比较清淡，一看标签酒精含量常高达六七十度，我这样不好酒的人只敢抿一两口而已。

苦艾草（*Artemisia absinthium*）是菊科蒿属植物，原生于欧洲、亚洲及北非。3000 多年前古希腊人在祭祀月亮女神阿耳忒弥斯的仪式中会焚烧苦艾，据说焚烧以后的艾叶所含侧柏酮（苦艾脑）散发出来，有轻微的致幻作用，能让人感到"清澈的迷醉"。

古希腊医药家希波克拉底认为苦艾草可以治疗肝炎和烦人的风湿。风湿病是地中海边的人常会遇到的苦恼。古罗马人也喜欢饮用浸着苦艾的酒，据说有神奇的医疗效果，可能真正让人着迷的还是苦艾和酒精的致幻作用，让人们在苦涩中感到麻痹和欣快。4 世纪时，罗马人已经会用苦艾和葡萄酒熬煮制作苦艾酒饮用。中世纪的时候，一些地方用苦艾和其他香料浸渍然后注入白葡萄酒，尤其是罗马尼亚等地的吉普赛人喜欢饮用这种酒。他们在欧洲各地游走，喜欢

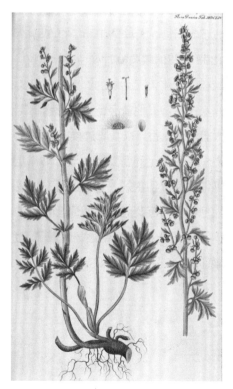

苦艾　手绘图谱　乔治·克里斯钦·欧德（Georg Christian Oeder）　1654 年

155

用巫术算命之类的方式谋生，也爱编撰各种离奇故事，他们把苦艾酒传播到西欧许多地方，也赋予了苦艾酒某种异族情调性的神秘"文化意义"。

低度的浸渍苦艾酒不够过瘾，法国人皮尔·奥丁奈儿于 1792 年（Pierre Ordinaire）蒸馏出了一种高酒精度的烈性酒，含有苦艾、茴芹、海索草和其他常用药草。人们引用中世纪的说法认为这种绿色的酒可以医治各种疾病，还具有催情作用，于是很快便非常流行。饮用这种苦艾酒的传统方式是将方糖放到苦艾酒勺上，再将勺子放在酒杯上方，用滴下的冰水将糖稀释并流入酒杯中，让酒品的口感变的稍微甜、淡、冷一些。

巴黎人喝苦艾酒的场景引起了画家们的兴趣。印象派画家马奈在 1859 年把自己画的《喝苦艾酒的人》提交给官方沙龙组织方，评审的时候遭到了保守的评委的拒绝，觉得这幅画有伤风化。不料这股"波西米亚风"越刮越大，19 世纪末，各路人马都纷纷参加红磨坊的波希米亚饮酒狂欢会，各种酒吧中，苦艾酒都成了畅销货，尤其是在著名的蒙马特红灯区更是如此。所以当德加画的《苦艾酒》1893 年在伦敦展览时曾经引起争议，英国正统人士觉得这是法国人力图用"法国毒药"腐化大不列颠的绅士们。其实，英国的苦艾酒爱好者也不少，最著名的是作家王尔德。他曾经诗意地形容喝完苦艾酒"走在寒夜的大街上，我却感觉大簇大簇的郁金香，在我脚边挨挨擦擦"。

传统人士对苦艾酒的流行非常担忧，从 1910 年起，它在瑞士、美国、法国等地先后遭到查禁。有趣的是，一些葡萄酒行业的人也参与禁止苦艾酒运动，因为他们认为苦艾酒影响葡萄酒的销量。可是在美国呼吁的结果是"搬起石头砸了脚"，美国一度连葡萄酒一起禁了。那段时间许多合法的酒厂倒闭了，反倒是私酒作坊、走私犯和黑手党靠着贩卖这类"违禁品"大发其财。

艾草

蒿属的植物有几百种，多类似苦艾草一样含有挥发油，能散发出苦菊味，其中一些可以当食物、调料或者入药，最著名的有艾（*Artemisia argyi*）、青蒿

（*Artemisia annua*）、芦蒿 等。《楚辞·大招》《荀子》等都曾记载，春秋战国时期人常用"萎蒿"或者蒿类植物有味道的根茎"蒿本"浸泡祭祀用酒。

青蒿是北半球温带地区广泛分布的植物。成书于西汉末年至东汉初年的《神农本草经》已记载"青蒿"，东晋葛洪在《肘后备急方》中记载青蒿绞汁服用可以治疗"寒热诸疟"，后来现代科学家用乙醚从黄花蒿（古称"青蒿"，现在《中国植物志》定名为黄花蒿）中提取出青蒿素用于治疗疟疾，算是极少数中医和现代医学恰好"撞对了"的案例。早在唐代就有人采摘青蒿的嫩叶当蔬菜吃，但春

青蒿　手绘图谱《巴达维亚花木》（*Flora Batava*）1697 年

末夏初长大的青蒿味道浓烈，就不那么可口了，主要是采摘根、茎、子、叶入药。

中国人最熟悉的蒿属植物可能是艾，亚欧大陆各地都有分布，别名香艾、蕲艾、艾蒿、艾蒿、灸草、艾绒等。这种植物的枝叶有浓烈的香气，让古人觉得非常神奇，常用在宗教祭祀仪式中。主要有两种用法：一种是用香草浸酒或者滤酒，古人相信带有香味的酒更可以取悦灵神祖先；另一种就是点燃后散发带有味道的烟雾。

先秦时的《诗经》记载了人们采摘野艾的情形，估计当时的人把枝叶有味道的各种蒿类植物都称为"艾"，人们采摘下来准备用于祭祀。两汉之间的《神农本草经》中也有"白蒿"入药的记载，这里的"白蒿"可能泛指各种蒿类植物。

南方一些地方会采摘清明前后鲜嫩的艾草，捣碎后和糯米粉按 1∶2 的比例和在一起，包上花生、芝麻及白糖等馅料（部分地区会加上绿豆蓉），再将之蒸熟制作成艾糍，广东一些地方也有类似做法，还可以直接炒食新鲜艾叶。艾叶晒

干捣碎以后就是"艾绒"。中医经常把艾草点燃之后去熏、烫穴位，认为可以治疗一些疾病。

端午节挂艾似乎是晋代才有的习俗。端午节本来是春秋战国时代长江中下游地区崇拜龙图腾的百越部族举行图腾祭祀的节日。开始可能只是点燃香草、击鼓做乐，之后把香酒、"筒粽"（用竹筒装米密封烤熟）之类的食物投入水里祭祀龙神，后来在祭日乘船前来围观的各村落兴起竞渡之风，就将部落图腾绘制在独木舟上比赛谁划得快。同时，战国时期的中原人认为夏至时节阳气达到顶点，代表死亡的阴气重新出现，各种邪气害虫会作祟，因此古人在这一时节要清扫屋宇，用能避邪的兰草泡在热水中沐浴。

东汉以后，随着南北文化交流密切，端午节的宗教意义、文化含义、习俗逐渐有了新的变化。人们渐渐对端午节的部落祭祀源头记忆模糊，试图给它找到主流文化语境里更为"合理"的起源，东汉应劭的《风俗通》把端午节和屈原投江联系起来，后来各地有了不同版本的传说，比如不服楚国的吴地认为端午节是纪念伍子胥的，《越地传》又说端午竞渡源于勾践操练水军。

另外，端午节逐渐与其他习俗结合起来，比如用艾叶驱虫、祭神是很早的习俗，在门上悬挂可以避邪的菖蒲、艾蒿之类的植物估计比端午节历史要悠久，但是东汉逐渐与道教法术、端午节结合起来，如东汉《师旷占》说当时人"以艾为虎形，或剪彩为小虎，粘艾叶以戴之"[1]，晋代人还把艾叶、菖蒲等编织为人形、剑形（蒲剑）用来"驱邪却鬼"，已经和湖北东部流传至今的民谣"五月五日午，天师骑艾虎，蒲剑斩蜈蚣，百虫归地府"等同了。

端午节吃粽子也是南北民俗交流的结果。先秦时候北方用芦叶包黍米做成类似牛角状的"角黍"献祭神灵，魏晋时期北方人口向南方迁移，角黍传播到江南地区，与当地端午节做"筒粽"的习俗融合，出现了端午节前后用菰叶（茭白叶）包黍米做成的角形粽子，并与端午节结合在一起。到唐代更为可口的稻米、糯米取代了黍米，成为今天常见的粽子的模样。五代诗人和凝曾在《宫词》中形象地描写过宫廷中女性过端午节的情景：

---

[1] 黄大宏. 王筠集校注 [M]. 北京：中华书局，2013：180、183.

绣额朱门插艾人，羞将角黍近香唇。

平明朝下夸宣赐，五色香丝系臂新。

野生品种的龙蒿（*Artemisia dracunculus*）在亚欧大陆、北美洲都有生长，从古代就有人采集食用。法国人把"法国龙蒿"（又名蛇蒿，*Artemisia dracunculus* var. *sativa*）当作香料。13 世纪的时候就有文献记载法国人把龙蒿当蔬菜调味品、催眠药和呼吸香剂，近代依旧是法国人深爱的调料之一，常用在蜗牛料理中，也用于制作法式蛇蒿酱和蛇蒿醋。16 世纪以后传入周边地区。俄罗斯人也食用他们栽培的俄罗斯龙蒿"他力干"，但是味道没有法国龙蒿浓郁。东欧人、伊朗人也吃当地出产的龙蒿。

龙蒿 手绘图谱 巴西利厄斯·贝斯勒（Basilius Besler）1620 年

龙蒿的枝叶散发一股清香、甘甜的滋味，苦乐参半的味道容易让人想起茴芹、大茴香。龙蒿的英文名称"Tarragon"，来源于拉丁语"Dracunculus"，意为"小龙"或"小蛇"，据说因为龙蒿能治愈被有毒爬行动物咬伤的功能，也有人说是因为龙蒿的根像卷曲的蛇一样。

香草的演变：蕙与兰

艾是至今中国人仍使用的本土香草，主要用在中药和针灸中。但是其他的本土香草大多已经为人所忘记，或者不再作为香料、药物使用了。屈原在《离骚》中提到兰、蕙、留夷、揭车、杜衡、芳芷之类的香草，割下来可以用于祭祀、沐浴、熏燃等，可能当时已经有较大规模种植。可是因为香味的好闻程度、持久程度往往比不上后来传入的热带香料或其他异域香料，逐渐就不受重视了。

蕙、兰是先秦时代最受重视的香草，《礼记》中记载周代贵族春季祭祀的礼俗是"大夫执蕙，诸侯执兰"，《楚辞》中也有"既滋兰之九畹，又树蕙之百亩"的说法，蕙、薰指同一种香草，很可能指现在人所共知的报春花科植物灵香草（*Lysimachia foenum-graecum*）。灵香草现在华南各地广泛分布，枝干晒干以后有浓郁香味，《南越志》记载这种香草叫"燕草"或"薰草"，叶子长的像罗勒，在湖南省零陵县一带有分布——这里是传说中上古部落联盟领袖舜和两位妻子的陵墓所在的地方。

到唐代，灵香草是零陵向皇帝进贡的土产之一，被贬谪到附近的诗人刘禹锡曾写过《清湘词》称许这里的风物：

> 湘水流，湘水流，九疑云物至今秋。
>
> 君问二妃何处所，零陵香草露中愁。

或许因为零陵郡把晒干的香草进贡到首都，也出口到大都市，渐渐有了名号，宋代人所著《嘉祐本草》《新唐书》直接把这种草称为"零陵香"了。

至于"兰"，在南北朝之前泛指中原常见的菊科泽兰属植物佩兰。《诗经》中描写郑国的风俗是三月的时候在溱、洧两条河边手持兰草祛除鬼怪，为故去的亲人招魂。据考证，溱、洧两条河就是今天河南中部的双河及其支流，当地至今还生长着一些佩兰，花朵和枝叶散发出类似菊花一类的味道，显然和现在大家知道的几种靠花朵散发气味的兰属（*Cymbidium*）观赏植物如墨兰、寒兰、墨兰等不同。

从汉代到隋唐，中原人说的兰大多指的是佩兰，如西汉末刘向在《说苑》中说"十步之内必有芳兰"，西晋张华用"兰蕙缘清渠，繁华荫绿渚"描述洛阳水边香草繁茂的风光——这说明在中原作为香草的佩兰很常见，甚至是野草。魏晋时人们依然有互赠兰草的习俗，如西晋文人潘尼曾在《送大将军掾卢晏诗》中说：

> 赠物虽陋薄，识意在忘言。
>
> 琼琚尚交好，桃李贵往还。
>
> 萧艾苟见纳，贻我以芳兰。

到南北朝因为南北政权对立，在南方的文人难以接触到中原的佩兰，对它的描述自然就少了。南朝一些文人开始把江南所产的春兰、惠兰等当观赏植物，梁武帝萧衍就栽种了江南的紫兰，他在《紫兰始萌诗》中描述春天兰花发芽的样子：

> 种兰玉台下，气暖兰始萌。
>
> 芬芳与时发，婉转迎节生。
>
> 独使金翠娇，偏动红绮情。
>
> 二游何足坏，一顾非倾城。
>
> 羞将苓芝侣，岂畏鹎鵊鸣。

梁武帝时的官员岑之敬在《对酒》中描述，在高官家中做客见到"色映临池竹，香浮满砌兰"，似乎当时人已经用砖石之类围栽兰花以便浇水和透水。此后"砌"和"兰"就常常一起出现，如唐太宗李世民写皇家园林风景的《秋日即目》中有"砌冷兰凋佩，闺寒树陨桐"一句，他的儿子唐高宗李治所写《九月九日》描述"砌兰亏半影，岩桂发全香"。"砌兰"和"岩桂"应该指从江南移植到皇宫的新奇之物兰花和桂花树。它们本是长在江南湿暗地方的花木，因为花朵能散发香味受到特殊重视，就被移植到权贵的花园中栽培观赏。

曾在唐高宗、武则天、唐中宗、唐睿

墨兰 手绘图谱 皮埃尔 - 约瑟夫·雷杜德（Pierre-Joseph Redouté） 1805—1816 年

宗时长期活跃的文人宋之问被流放广西，曾在路上写过《发藤州》一诗，用"恋切芝兰砌，悲缠松柏茔"一句表达自己对京城生活的怀恋，可见当时用砌石法养兰已经是贵族阶层的时尚。晚唐冯贽编撰的《记事珠》中"贮兰蕙"条记载唐玄宗时的诗人王维曾用黄瓷斗养殖兰蕙，用彩色的"绮石"点缀或者作为垒砌材料，这和今人养兰花的方式近似。

中唐时，元稹在《别李三》中说"阶蓂附瑶砌，丛兰偶芳藿。高位良有依，幽姿亦相托"描绘的应是春兰，他在另一篇《有酒十章》中说"污高巢而凤去兮，溺厚地而芝兰以之不生"，提及了兰花不耐积水的特性。唐末僧人贯休在《书陈处士屋壁》一诗中提到陈处士"种兰清溪东"，选育有"白云""紫桂"等佳品，著有文章《种兰篇》，可见当时已有人专门研究兰花的栽培。宋代《清异录》中记载南唐君主在保大二年（943年）曾到御花园的饮香亭"赏新兰"，并下令园林主管官员取"沪溪"的好沙土养兰，还曾给予兰花"馨香侯"的美称。

宋代南方士大夫在官场、文坛影响力更大，对兰花的描述和栽培欣赏更为广泛，文人也开始赋予花木以更多的文化意义，称赞兰花的清香和优雅的姿态，并和士大夫的清高、雅趣联系起来。宋末元初，文人画家郑思肖"画兰明志"素为后世推崇，从此兰花成为洁净、忠贞、高尚的象征，成为画家笔下的常客。

薰衣草

香水工业制造的浪漫

　　法国南部的小镇普罗旺斯以种植薰衣草出名，这是现代旅游工业和香水工业制造的"旅游品牌"，许多人特别跑到那里去欣赏一片片蓝紫色花田。风吹起，一整片薰衣草宛如紫色的波浪随风起伏，空气中还隐隐传来阵阵暗香。这是 20 世纪的新兴旅游方式，之前人们种植薰衣草的目的并不是重视它的视觉效果，而是为了做香料。

　　薰衣草的拉丁学名"*Lavandula*"意思是"洗"，这是因为古罗马人喜欢用它的香水洗澡。当罗马帝国占领今天的法国以后，就在南部大面积栽种薰衣草供出口到罗马。16 世纪末，因为英国、法国人以为薰衣草有祛除疫病、提神醒脑的效用，广泛制成香精或装入香囊佩戴，法国南部普罗旺斯等地开始大量栽培薰衣草，一度还曾推倒果树换种薰衣草。到 20 世纪后期，普罗旺斯的薰衣草田才成为举世闻名的旅游景点。

　　唇形科薰衣草属的芳香植物在地中海地区、西亚、南亚地区都有分布，有 30 多种，因为它的气味芬芳怡人，是药草园中是最受喜爱的香草之一，有"芳香药草之后"的称誉。这是如今地中海沿岸、美

狭叶薰衣草　手绘图谱　皮埃尔 - 约瑟夫·雷杜德（Pierre-Joseph Redouté）　1806 年

国及大洋洲列岛常见的观赏植物，我曾在西班牙人的庭院里见过好几种不同花色的，蓝紫色、粉红和白色的都有，其中蓝紫色的薰衣草最为常见。它的花、叶和茎上的绒毛均藏有油脂腺，轻轻碰触，油腺即破裂并释放出带有木头甜味的浓郁香气。

多数蓝色和紫色薰衣草原产欧洲南部地中海地区，粉红色薰衣草分为法国薰衣草（ *Lavandula stoechas* ）和狭叶薰衣草（ *Lavandula angustifolia*，又称英国薰衣草，其实也是从南欧传入英国的）。普罗旺斯最常见的是耐寒的狭叶薰衣草和长穗薰衣草（ *Lavandula Latifolia* ）杂交选育出来的混种薰衣草，因为它花大，香精含量多。狭叶薰衣草叶子较细、花穗较短，也常被用来提取高级香精。

从油膏到香精

在古埃及国王图坦卡蒙陵墓发现的按摩油和药品中有一种成分像是薰衣草，估计在当时只有王室成员和祭司才能使用它来涂抹尸体作为防腐剂，也许那时候就有人工种植的薰衣草田。希腊人从埃及人那里学会如何使用这种香草，他们喜欢用薰衣草提炼的油膏来涂脚。希腊哲学家第欧根尼喜欢在脚上涂油而不是像埃及人那样在头上涂抹，他认为这可以让自己全身舒泰。古希腊人把薰衣草油膏称为纳德斯（Nardus）或纳德（Nard），这个名称源自叙利亚人当时控制的一个叫纳达（Naarda）的城市，也许中东这个城邦是最早大批种植薰衣草并制作成精油出售的，当时薰衣草是和藏红花、肉桂、没药、芦荟并称的珍贵香料。希腊医生泰奥弗拉斯托斯（Theophrastus）称这种油膏的气味具有疗效，这也许是芳香疗法的源头之一。

罗马人从希腊人那里继承了这种爱好，权贵们的身体、头发、衣服、床都用薰衣草香精喷洒，散发出芳香的味道，他们也把薰衣草当驱蚊剂、用来调味，甚至把干薰衣草当作烟草抽，还流行将薰衣草等香草一起放到洗澡水里增加香味和滋养身体。当时罗马对于薰衣草的需求巨大，已经是大量供应的商品，1磅薰衣草的花可以卖到100迪纳里，这个价钱约等于佃农干1个月所得的报酬。

古罗马人重视薰衣草治疗疾病和防腐的功能，尼禄手下的军医迪奥斯科里季斯（Dioscordes）记载说，内服薰衣草制剂可以缓解消化不良、头痛、喉咙痛，外用可以清洁伤口和治疗皮肤烧伤。当时罗马士兵已经用它来敷裹外伤，甚至到了第一次世界大战期间，还有士兵用薰衣草制剂敷伤口。

罗马帝国解体以后的几个世纪里，薰衣草的使用大大减少了，中世纪初期，只有一些基督教僧侣还在修道院种植和研究它的草药作用。7 世纪以后，反倒是阿拉伯医生们对薰衣草促进伤口愈合的作用有所研究，他们对薰衣草的重视也从西班牙、西西里等地传播到欧洲其他国家，这才让西欧人重新重视这种香料。

12 世纪，德国的草药师宾根尼德发现薰衣草香精可以驱除头虱和跳蚤，也可治偏头痛。一些地方的人以为薰衣草可以防止邪恶入侵，所以常挂在门前。文艺复兴时期，薰衣草被用作装饰品，富人拿薰衣草香精作为消毒剂和除臭剂。16 世纪，黑死病肆虐的时代流传着法国格拉斯制作手套的工人因为常以薰衣草油浸泡皮革得以逃过鼠疫的故事，当时很多人以为这种草可以防疫。实际上，薰衣草自身无法防疫，后人推测薰衣草的味道可以驱除跳蚤，从而有助于预防跳蚤传播的鼠疫病菌。

据说薰衣草可以治疗头痛，所以 16 世纪晚期患偏头痛的英国伊丽莎白女王常常喝薰衣草泡的药。这让薰衣草种植在英国逐渐扩大起来。当时情人间流行将薰衣草赠送给对方，以表达爱意。1665 年伦敦黑死病肆虐的时候，人人都惊恐地在手上绑一束薰衣草来保护自己，并储存薰

黑死病爆发期间瘟疫医生穿鸟喙装以防感染
插图　保罗·佛斯特（Paul Furst）印制　1656 年

衣草精油以抵御疾病。这让薰衣草价格节节走高，以致小偷们破门而入的时候也把它带走卖钱。17 世纪，英国的清教徒把欧洲薰衣草带到北美洲种植。18 世纪，伦敦南区的熏衣山、法国的普罗旺斯、格拉斯附近的山区都以遍布薰衣草田闻名，成为了旅游胜地。

19 世纪，英国维多利亚女王喜欢薰衣草，用它来清洗地板、家具、床单。女王带动了英国上上下下的热情，薰衣草几乎出现在每家药草园中。伦敦的吉普赛小贩满街出售薰衣草制作的香包，也许那些神奇的治病故事就是从他们那里流传出来的。在他们口中，这种草几乎无所不治，从头痛、神经错乱、蚊虫疯狗叮咬一直到壮阳，新婚夫妇床上也可以用薰衣草香袋来催情！这种需求刺激了商业性种植的大发展，伦敦郊区的米切姆就是当时的香精生产中心，但是后来随着工业和金融业的发展，地价逐渐升高，英国变成了一个薰衣草香精进口国，只有东部的诺福克郡（Norfolk）出产这种香水原料。

现在法国是最大的薰衣草产品出口国，1 公顷薰衣草大约可以出产 15 磅香油，他们每年大约生产 1000 吨薰衣草精油。去法国南部旅行的话会发现薰衣草几乎无处不在，从香水到洗洁精、蜡烛、干燥花香囊、薰衣草蜂蜜、薰衣草果酱，法国和其他一些西欧国家的厨师还将它用在食品里作为香辛料以及蛋糕的装饰。

虽然薰衣草油膏早在汉代已传入中国，薰衣草香水也在晚清进入上海等地，但在中国种植薰衣草却很晚。1963 年原轻工部曾组织北京植物园引进试种杂交薰衣草，后来在上海、北京、陕西、云南、河南和新疆等地也进行了多年的试种和栽培。由于新疆伊犁地区的气候条件与法国南部山区近似，于是在伊犁农四师的一些农场进行了规模化的栽培和加工，现在伊犁薰衣草种植面积已达 20 000 多亩，仅次于法国普罗旺斯和日本北海道。每年 6 月中下旬，伊犁一片紫色的花海，颇为壮观。伊犁当地政府也创办了自己的薰衣草文化节，可新疆距离人口密集的大都市太远，又没有普 - 罗旺斯和北海道那样大的名声，因此并不为许多人所知。

在 21 世纪中国城市消费文化潮流中，薰衣草突然成了一种优雅生活方式的象征，许多人开始讲究使用薰衣草产品乃至养薰衣草花。好多城市的郊区都开发了薰衣草园供游客们观赏和拍照，大多只不过是几亩十几亩地种着一片薰衣草或近似花木，以让人们可以拍出美好的照片。

香堇

忽如其来的诱惑

现代香水工业中用到的天然植物香料主要包括两类：一类是从散发出香味的树木中流出的液体或结晶的树脂，称为香脂（Balsam），如安息香、没药、乳香等；另一类是从植物花、叶、根、茎、果中提取的具有香味的油状物质，称为香精，除了常见的薰衣草、玫瑰、茉莉香精之外，常用到的还包括香堇菜、香鸢尾、广藿香、晚香玉等植物提取出的精油。

英文称为"Violet"的植物被当代中国植物学家命名为"香堇菜"（*Viola odorata*），归在堇菜科堇菜属。实际上，从民国起到现在，人们常常称它为"紫罗兰"，因为另有一种十字花科紫罗兰属的植物"Stock"也被翻译成"紫罗兰""草紫罗兰"（*Matthiola incana*），为了防止混淆，当代植物学家才在《中国植物志》等著作中给予了不同的科学命名。这一变迁反映出"民间习惯命名"和专业学者圈的"科学体系定义"的有趣差别和互动。

堇菜属的植物有五六百种，在北半球的温带地区分布很广泛。其中香堇菜简称香堇，原产地中海到土耳其之间的广大地区，春、夏、秋都可以开花，南欧的野外常能看到。这种花的生命力很强，在各地蔓延的速度很快，这主要是因为它是极少数可以闭花受精的植物，

香堇　手绘图谱　乔治·克里斯钦·欧德（Georg Christian Oeder）　1761—1883 年

不需要借助蜜蜂、风力就可以自己授粉繁育。

刚长出的香堇叶子可以当菜吃，法国图卢兹有一种蜜饯香堇甜点，是用蛋清、糖调的稠汁和新鲜香堇花瓣来回搅拌、晾干制成的。欧洲好多地方用香堇花瓣做沙拉、热菜和甜点的配饰，搁在盘子边上，据说可以带给食物馨香。因为从维多利亚香堇、帕尔玛香堇的花瓣和叶子中提取的香精价格太高，现在多数香水使用的其实都是化学合成的香精。

在中世纪，香堇象征谦逊，因为这种花害羞地躲在叶子中间，这种不张扬的美德让一些人联想到圣母玛利亚在教会神学中的位置。香堇也是复活和春天的象征，据希腊神话记载，地狱之王爱上了处女珀耳塞福涅（Persephone）。有一天，珀耳塞福涅走过一片长满香堇的田野的时候被抓入地狱，而她长期待在地下会导致土地的荒寂，因此古希腊每年都要举行祭祀，祈求地狱之王同意让珀耳塞福涅在冬天过后走出地面，带来春天。在中世纪的德国南部，一些地方的人会把刚开的香堇挂在船桅上，以此庆祝春天的到来。

十六七世纪，从地中海进口的香堇在英国人的花园中非常流行。16世纪的英国草药师约翰·热拉尔（John Gerard）在自己的书里说香堇的发明权属于希腊神话里的主神宙斯，他和人间的阿尔戈斯国王的美丽女儿偷情，在神殿中幽会时碰上天后赫拉前来巡视，他急忙把情人变成小母牛，还变出甜美的香堇让小母牛

珀耳塞福涅的命运　水彩　沃尔特·克莱恩（Walter Crane）　1877年　查曾美术馆

饱餐一顿。现在看这故事多半出自热拉尔的穿凿附会。为了赋予自己所爱的事物更重大的意义，把它的起源附会到神灵、名人身上是常见的事。也许所谓的"文化"，多半就像莎士比亚所言，是"给纯金镀金，替百合抹粉，在香堇（民国时期翻译为"紫罗兰"）的花瓣上洒香水"。

香堇花的淡淡幽香早就受到女士们的青睐。中世纪时，人们爱佩戴包有薰衣草或香堇花的香包，后来它成为制作香水的原料，依旧被大家称为"紫罗兰香水"。如果按其学名叫"香堇菜香水"，估计会吓跑爱美的顾客吧。香堇的香味来去倏忽，这也是它独特的魅力。有专家说可能是因为这种香味里含有碘，刚闻到一点就会抑制人的嗅觉能力，所以时不时要中断一下才能重新闻到那丝芳香气息。

据说法王路易十六的皇后玛丽·安托瓦内特喜欢香堇味道的香水，她后来陪夫君一起上了断头台。十多年后暴民们又欢天喜地迎来新皇帝拿破仑，他的皇后约瑟芬也同样喜爱香堇香水。法国民间有许多关于拿破仑和香堇的说法，诸如从厄尔巴岛逃出来复辟的时候，他曾经去马里美宁城堡约瑟芬的墓前献上一束香堇，很快他再次遭遇失败，在最后的流放地圣赫勒拿岛死去，临终时还在喊着"约瑟芬"。人们发现他一直保存的小盒子里有两朵枯萎的香堇花和一绺浅栗色的头发，前者代表他对妻子的爱，后者则是他爱子的胎发。

实际上，拿破仑和约瑟芬的关系远比这些真假难辨的故事复杂，南征北战的拿破仑和约瑟芬各自有自己的情人，后来他因为约瑟芬无法给自己生育子嗣而提出离婚，4 个月后就和奥地利女大公玛丽—路易莎成婚。真相有时候扑朔迷离，拿破仑曾在圣赫勒拿岛上给友人写信说："我真心爱我的约瑟芬，但我不尊重她。"他在远征埃及的时候说过的另一句名言是："权力是我的情妇。"可见，人们在对一件事物存有美好印象时，就会主动编织出虚幻的故事，赋予这件物品更重大的意义。

20 世纪初，"Violet"这种植物被洋人传入上海等地，它蓝色的花朵最为引人注目，就被叫作"紫罗兰"，薄如罗，香如兰，这名字让原产南欧的洋派植物和中国传统文化中兰花象征的优雅境界建立了关联，带着某种浪漫情调和娇柔的意蕴，尤其得到许多女孩子喜欢。民国时候的上海就有以"紫罗兰"命名的化妆品、饰物、小店等。与此同时，"Stock"这种植物也传入了中国，起初被音译为"四桃克"，由于这名称缺乏魅力，也不好理解，人们根据其花朵颜色、形状又称为"草紫罗兰"。Violet 和 Stock 都是南欧野外常见的草木，开紫色的小花，有香味，确有相似之处。虽然后来中国植物学家根据分类体系给两者分别定名"香堇菜""紫罗兰"，但在民间，大家还是常常混称它们为"紫罗兰"。

中国最热烈的"紫罗兰"（当代植物学家定义的"香堇"）爱好者是民国时候著名的"鸳鸯蝴蝶派"作家、园艺家周瘦鹃。他 18 岁那年在一所中学任教时爱上英文名为"Violet"的女生周吟萍，两人书信往还，情意绵绵，可惜最终因为女方家庭阻挠，有情人未成眷属。这段精神恋爱让周魂牵梦绕，从此一生钟情于"紫罗兰"这三个字，不仅案头清供此花，朝夕

紫罗兰 手绘图谱 尼古拉斯·约瑟夫·冯·雅克恩（Nikolaus Joseph von Jacquin）著作插图 1772 年

相对之余还把自己写的书起名为《紫罗兰集》《紫罗兰外集》《紫罗兰庵小品》《紫兰小语》《紫兰芽》，如周瘦鹃所说，他后来的生活"始终贯穿着紫罗兰这一条线，字里行间，往往隐藏着一个人的影子。"他曾在诗歌中自言：

> 幽葩叶底常遮掩，不逞芳姿俗眼看。
> 我爱此花最孤洁，一生低首紫罗兰。

靠着出版杂志、写文章赚的钱，1935 年，周瘦鹃在苏州购地自建园林"紫兰小筑"，又叫"紫罗兰庵"，里面的花台命名为"紫兰谷"。1949 年之后，他的

《紫罗兰》杂志封面　周瘦鹃　1925 年　创刊并主编

其他文章无处发表，只好写《花前琐记》《花花草草》这样的园艺散文小品。即便这样，也难逃 1966 年开始的"文化大革命"的劫难，他的花园被夷为废墟，书画收藏流离失散，他本人也成为"批斗对象"，1968 年 7 月 18 日，不堪凌辱的他在紫罗兰庵里投井自尽。

　　十字花科紫罗兰属的植物有四五十种，常见的是用于观赏的紫罗兰（*Matthiola incana*）、长瓣紫罗兰（*Matthiola longipetala*，又名夜香紫罗兰）。这种紫罗兰原产南欧，在古希腊和古罗马时代，曾被当作香药栽培，直到 20 世纪才受到重视，被培养成观赏花卉。它一般春天开花，花瓣为十字形状，有粉、紫、白、淡黄不同颜色的品种。

鸢尾

和玛利亚的百合纠缠不清

　　春天去佛罗伦萨旅行时，可以看到紫色鸢尾花成片开放的场景，一朵朵就像蝴蝶落在青绿的叶片之间。很难想象如今这座以旅游业著称的城市在 19 世纪还是个工业小城，当时加工鸢尾花曾经是佛罗伦萨商人的主要产业，3 个工人一天可以栽种 5000 多株花，等到秋天挖出鸢尾的根茎，削皮、晒干后，卖给香水厂可以提取香精，里面含有的鸢尾酮能散发香味，是调制香水的重要配料。

阿尔勒的景色（前景是鸢尾花）　油画　梵·高　1888 年　阿姆斯特丹梵·高博物馆

鸢尾花　油画　梵·高　1889 年　洛杉矶保罗盖兹艺术中心

另外，著名的画家梵·高在法国小城南部阿尔绘制的油画中那成片的鸢尾花，也是为了提取香精的经济目的而大面积种植的。梵·高晚年绘制了好几幅有关鸢尾花的作品，恰好印证了他生命的最后岁月。1888 年创作的《阿尔勒的景色》前景是鸢尾花，描绘了村镇一角的花田，可以看到，这件作品散发的还是静谧的乡野气息。

到了 1889 年 5 月，他因为癫痫病到圣雷米的精神病疗养院中接受治疗，在医院的庭院、常去散步的野外仍然可以看到鸢尾花。1889 年，他创作的一幅《鸢尾花》直接描绘了一丛开得正茂盛的鸢尾花。左下前景的鸢尾花与左上角的一簇野菊呼应，野菊的赭红与鸢尾花的蓝透露出一种忧郁、躁动的情绪，歪歪斜斜的，有点扭曲。

1890 年是梵·高的最后一年，5 月鸢尾花开得正艳的时候，他在即将离开疗养院之前的一周内创作了四幅花卉静物画，其中就包括两幅描绘瓶子中的鸢尾花的作品，一幅画是黄色背景与蓝色花束产生强烈的互补对比效果，另一幅画上淡蓝花束与粉色背景则营造出更和谐温柔的情调。据研究，梵·高这一时期使用的合成颜料中有一种以"水白铅矿"为原料的红色颜料，这种物质与空气中的二氧化碳接触后逐渐分解成白色晶体，导致这些作品中原本的红色都出现了严重的"褪色"，比如蓝白色调的那张《鸢尾花》的背景色应该是红颜料和白颜料调和成的粉色，而现在看上去几乎完全是灰白色了。

鸢尾科包含 200 多个种、几千个品种的花木，原产地几乎遍布整个温带世界，所以各地都有自己的栽培品种。这个家族庞大的植物的共同特点是都有 6 个花瓣状的叶片构成的包膜，有 3 个或 6 个雄蕊和花蒂包着的子房。

当代中国最常见到的是四五月开花的蓝紫色鸢尾花。而以前中国曾先后栽培过的鸢尾类植物包括乌鸢、蝴蝶花、玉蝉花、溪荪、马蔺、花菖蒲、唐菖蒲等几种。东汉末期至三国出现的《神农本草经》中记载有一种植物叫"乌鸢"，具体指哪

鸢尾花 油画 梵·高 1890 年 纽约大都会博物馆

瓶中的鸢尾花　油画　梵·高　1890年　阿姆斯特丹梵·高博物馆

一种花并不是很确定，到了南北朝的时候，有一种叫"鸢尾"的花以其株形似鸢（老鹰）的尾巴而命名，已经出现在古人的花园里。

鸢尾花在世界范围内成为流行花卉是欧、日、美等地的园艺家推动的。1600年以后他们不断在世界范围内移植、嫁接、杂交，培育出上千个新品种，比如中国的花菖蒲原来并不用作园林观赏，近代传入日本以后日本园艺家进行选育，又传到欧洲，不断改良以后就发展出几百个品种，而整个鸢尾类的花木品种已经超过 20 000 个。

最早栽培鸢尾花的是古埃及人。公元前 1479 年左右埃及国王图特摩斯三世的花园里就有这种花，它和莲花、百合花、棕榈叶一起组成埃及神庙中"生命之树"的图案。埃及人和印度人还用它的根茎入药和作香料。

鸢尾花的希腊文名字（Iris）来自希腊神话里有金色翅膀的彩虹女神爱丽丝

鸢尾墨蝶图　纸本水墨　齐白石　现代　中国美术馆

（Iris）。她是众神与凡间的使者，当善良的人逝世时，她将前来引导他们的灵魂沿着彩虹桥上升到天国，所以希腊人常在女性的墓地上种植鸢尾或在墓碑上刻上鸢尾花图案，希望它能引导亲人到天堂安息。也许是因为这种花有红、橙、紫、蓝、白、黑各种颜色，和彩虹有点类似，所以人们才编出了这个美好的故事。

鸢尾花在中世纪的基督教神学体系里也有一席之地，因其三片花瓣的形象，被认为是"三位一体"（Trinity）的象征，传说它是圣母玛利亚或者夏娃的眼泪落地生成的。

近代法国人传说，法兰西王国第一个王朝的开创者克洛维皈依基督教受洗礼时，梦见上帝派遣天使送给他一朵鸢尾花。另一种说法是鸢尾花救过他的命：当敌人追击他的时候，他看到一道彩虹从莱茵河上升起，指引他蹚过河水摆脱了敌人追击，因而他用香根鸢尾（fleur de lis）旗帜替代了之前使用的青蛙图腾。但中世纪基督徒编撰的史书中并没有出现鸢尾花或其他的花，只是说克洛维一世原来信仰本部族的阿里乌教派，信奉基督的妻子劝说他皈依基督教曾遭到拒绝。496 年，他与进犯的阿勒曼人对垒时，一开始打了败仗，危难之际他便向基督教的上帝发誓如果能转败为胜就带法兰克人皈依。接下来阿勒曼军中突然发生内乱，克洛维不战而胜，于是他就在当年圣诞节率领 3000 名法兰克士兵接受洗礼，皈依了基督教。

无论法国王室徽章的起源是怎样的，随着王室地位的上升，关于王室徽章的说法也越来越神乎其神。尽管其图形更接近鸢尾花，但当时多数人都叫这种花为"金百合"或"法兰西百合花"，主要是因为那时百合象征圣母玛利亚，宗教意义更为神圣。一眼看去鸢尾和百合似乎都有 6 枚"花瓣"，可实际上它们是不同属的植物，鸢尾的花瓣只有 3 枚，外周那 3 枚是保护花蕾的萼片，由于长得酷似花瓣，会让人产生误会。此外，鸢尾的中央 3 个花瓣向上翘起，周围 3 个萼瓣是半翻卷的，而百合花的花瓣一律向上，也显得更为厚实一些。

玫瑰

相遇在约瑟芬皇后的花园

　　在西班牙山城昆卡的教堂里，我曾看到有人给耶稣基督受难的塑像敬献一枝玫瑰，就位于传说中耶稣滴血后长出玫瑰的那个位置，这一朵快干枯的玫瑰让我印象深刻。此前我印象中的玫瑰身影是 20 世纪 90 年代末情人节时北京沿街叫卖的卖花人，透明塑料中包裹的一丛丛玫瑰花，我总觉得，这满街的玫瑰花让送花、不送花的人心里都有点儿不堪重负。

　　"玫瑰是爱情的象征"，这是 20 世纪 90 年代以后众多爱情小说、影视剧、报刊、广告、花市商户等大众媒体和商业广告一起在当代中国塑造的"文化共识"。而在中国古代文化中，与爱情有关的花木是香草、红豆、莲子、并蒂莲乃至任何树木的连理枝，要么表达相思和钟情，要么用两两相连象征情人、夫妻同生共死的紧密关系。而在当代文化中，玫瑰那独立的花朵、饱和的色彩似乎更注重个人情爱意志的展露和表达，这是一种单向的激情与呈现。

　　今天，中国城市的花店中到处都有称作"玫瑰"的鲜切花，但严谨的植物学家分辩说今天中国都市中人彼此赠送、观赏的所谓"玫瑰花"多是植物学定义的"现代月季"。这是近 200 年来由许多种蔷薇属物种及育种杂交培养出的物种，最大特点是每年能多次开花、

中国月季　手绘图谱　皮埃尔 - 约瑟夫·雷杜德（Pierre-Joseph Redouté）　1833 年

花朵大、叶泛亮光、枝粗刺少，与植物学家定义的每年开一次花、能散发浓郁香味和提炼香精的"玫瑰"并不相同。

让名称问题变得复杂的原因有两个。一个是学术命名和习惯叫法的差异，植物学家有自己的科学命名方式，比如他们区分了"月季"和"玫瑰"，而民间有自己的习惯叫法，比如花店中常常都把蔷薇科花木笼统地称为各种玫瑰；另一个则和清末民国的翻译有关。中国唐宋明清的花木研究者就把蔷薇属的植物分成了月季、玫瑰、蔷薇等至少3种，玫瑰在那时特指有香味的蔷薇属花木。而欧美人日常把蔷薇科蔷

红玫瑰　手绘图谱　爱德华兹（S.T.Edwards）1820 年

薇属的所有植物都称为"Rose"，可是清末民国都翻译成"玫瑰"。

无论是科学家叫的"现代月季"，还是民间习称的"玫瑰"，这种今天看来如此"西方式"的花木实际上是过去 200 年欧洲和亚洲多种蔷薇科植物杂交的成果。18 世纪以来，英国、法国等地的园艺家用从亚洲中部、东部引进的品种与西欧已有的品种杂交，培育出各种鼓胀的花骨朵来，然后传播到世界其他地方，在 20 世纪又以洋派的样子登陆上海、北京、广州。现在，全世界有 20 000 多个蔷薇属植物园艺品种，是花木产业开发的重点之一。

蔷薇

蔷薇科蔷薇属的野生植物有 200 多种，广泛分布于北半球的温带和亚热带地区，个别种类分布到热带。中国分布有 80 多种蔷薇属植物，其中 10 多种在近代园艺杂家育种中发挥了重要作用。

　　化石证据显示，蔷薇属植物在 1200 万～1500 万年前就已经存在了，其中带有香味的玫瑰品类也早在 10 万年前就已经分化出来。亚洲是蔷薇属植物的早期栽培中心，可能因为有的品种蔓生、有刺，适宜当篱笆，有的果实可食，人们很早就种植蔷薇属植物作为家园的篱笆。2500 多年前，春秋时期的《诗经》中有"何彼襛矣？唐棣之华"的诗句，后人考证"唐棣""棠棣"或许就是蔷薇属的花木。魏时吴普所著的《神农本草》中记载有木香花，有人推测或许是某种能散发香味的玫瑰。

　　中国人工栽培蔷薇的确切历史可以追溯到南北朝时。梁朝《寰宇记》中记载，6 世纪时梁元帝的"竹林堂中，多种蔷薇"，或是因为它是蔓性的藤本植物，能沿墙依附生长，故名"墙薇"，后写为"蔷薇"。此时已有康家四出蔷薇，白马寺蔷薇和长沙子叶蔷薇等品种，谢朓写了《咏蔷薇》形容它：

> 低枝讵胜叶，轻香幸自通。
> 发萼初攒紫，余采尚霏红。
> 新花对白日，故蕊逐行风。
> 参差不俱曜，谁肯盼薇丛？

　　唐朝时，观赏型蔷薇的栽培极为普遍，如李白、白居易、杜牧、李商隐等著名诗人都有咏蔷薇的诗篇。李德裕在《平泉草木记》中记载他在洛阳郊外的庄园曾栽种得自浙江会稽、稽山的百叶蔷薇、重台蔷薇，说明当时人们已经重视欣赏这类重瓣蔷薇。当时花色艳丽而花朵突出的蔷薇是受人瞩目的名花之一，花朵较小的玫瑰则在中晚唐才有人在庭院中种植，所以 10 世纪时徐铉在《依韵和令公大王蔷薇诗》中说："芍药天教避，玫瑰众共嗤。"

　　宋代洛阳、山东、两淮、苏州、扬州等地都流行栽种蔷薇属植物，品种也愈加丰富，仅在洛阳就有"银红牡丹""蓝田碧玉"等 40 多个品种。周师厚撰写的《洛阳花木记》记载了刺花 37 种，其中蔷薇属的植物有倒提黄蔷薇、千叶白蔷薇、蔷薇（单叶）、二色蔷薇、卢川宝相、黄宝相、单叶宝相、黄蔷薇、千叶月季（粉红）、黄月季、深红月季、玫瑰、穿心玫瑰、黄玫瑰、木香花等 18 种之多。这时候也

波斯诗人萨迪在蔷薇园　插画　1645 年

有画家描绘了茶香蔷薇的形象。到明朝，王象晋在《二如亭群芳谱》中把蔷薇属植物分为蔷薇、玫瑰、刺蘼、月季、木香等 5 类，其中蔷薇有约 20 种不同的品种。

近代中国产的几种蔷薇传入欧洲后，杂交出许多令人瞩目的园艺品种。如原产东亚的野蔷薇（*R. multiflora*）的花为单瓣，有纯白色、淡红色两种，一枝开几朵到几十朵，近代输入欧洲后，成为创造小姊妹月季及蔓性蔷薇良种的主要亲本之一。原产于云南、四川等省的血蔷薇（*R. moyesii*）的花朵呈浓血红色，传入欧洲后被用于培育现代多刺蔷薇。原产于四川、陕西等地的黄蔷薇（*R. hugonis*）被用于杂交黄色花朵的园艺新品种。原产于华南和菲律宾等地的硕苞蔷薇（*R. bracteata*）、西南的巨蔷薇（*Rosa giganiea*）等传入欧洲后也与茶香月季等杂交育成"美人鱼"（Mermaid）等新品种，曾轰动一时。

月季

牡丹殊绝委春风，露菊萧疏怨晚丛。

何以此花荣艳足，四时常放浅深红。

正如韩琦的诗《中书东厅十咏》中《月季》一首所言，"月季"这个名字点明了它可以一年三季或四季常常开花的特性，它和茶香月季是灌丛蔷薇中两种可以月月开花的植物。

从宋代开始月季就是中国园林中的常见花木，别名月月红、长春花、四季花。可是从没有像牡丹花那样一度激起权贵的热爱，也没有被赋予重要的象征意义，所以从宋到明并没有特别多的新品种出现，到清代才有人写出一本《月季花谱》，记载了几十种花色的月季品种。

中国瓷器、丝绸上绘制的月季图案可能早在 10 世纪就传入了欧洲，16 世纪一位意大利佛罗伦萨画家布龙齐诺（Bronzino）画的一张丘比特的画像中，这位爱情之神手中拿着粉色月季花。经过赫斯特（Hurst）考证，他认为意大利 16 世纪时已经在种植这种月季花。

18 世纪，欧洲出现了引人注目的花木传播和育种高潮，大批的探险家、博物学家和商人四处寻找新奇植物。欧洲商人、园艺家先后从中国等地引进大量的新品种，尤其是得到了四季开花的植物，如传统月季花、皱叶蔷薇、开黄花的茶香月季、黄色大花月季等，栽培育种出众多现代月季、现代蔷薇新品种。

近代以来，人工培育的各种所谓"现代月季"（modern rose）是蔷薇属植物中观赏价值最高的，包括春季开花和四季开花的许多大花品种，还包含部分丰花月季（Floribunda Roses）、藤蔓蔷薇（Climbing roses）、矮罐蔷薇（Polyantha roses）等，在日常生活中，人们多习惯性地称为"玫瑰"。

"玫瑰"的演变

"玫瑰"从造字起源来说都带"玉"字旁而且是连读，这显示它最开始的渊源可能是对一种远方来的宝石的外来名称的音译。2000 多年前，汉代文人司马相如的《子虚赋》中说楚国云梦泽中"其石则赤玉玫瑰，琳瑉琨吾"，他的另一篇《上林赋》渲染汉武帝的行宫上林苑中"玫瑰碧琳，珊瑚丛生"，这里"玫瑰"这个词指一种红色的珍稀宝石，可能是从楚地乃至更远地方进贡给汉武帝的。可能也是在汉代编辑而成的《韩非子》中所写买椟还珠的故事提到的那件华美的木椟上也有"玫瑰"这种宝石装饰，"为木兰之柜，熏桂椒之椟，缀以珠玉，饰以玫瑰，辑以羽翠"。

后人对于"玫瑰"这种宝石是什么、产自哪里有不同的说法。一派认为是南方海域传来的，如西晋晋灼认为"玫瑰"就是南海传入的"火齐珠"，6 世纪初南朝任昉《述异记》记载南海（泛指东南亚、南亚乃至阿拉伯沿海地区）出产"玫瑰"，"南海俗云，蛇珠千枚，不及一玫瑰"。而在北方，《三国志·魏书》提及"大秦国"盛产的 10 多种宝物之一就是"玫瑰"。北朝《梁书》卷五四《诸夷传》说玫瑰多出自波斯、大秦等西方地区，可能指某种红色矿物宝石。北魏和平二年（461 年）文成帝特命有司制作 12 只巨型"黄金合盘"，"镂以白银，钿以玫瑰"。一直到初唐，

"玫瑰"指的都是某种产自西方的宝石。

有意思的是，东晋著名道士、医药学家葛洪所著《西京杂记》记载，汉武帝的乐游苑中曾经"自生玫瑰树，树下多苜蓿"。这种"玫瑰树"可能指工匠用宝石镶嵌的树形装饰物，也可能是某种色彩绚丽的外来植物。到唐代中期才明确用玫瑰指花木，开元年间李叔卿的《芳树》写道：

> 春看玫瑰树，西邻即宋家。
> 门深重暗叶，墙近度飞花。

中唐文人邵说在《上中书张舍人书》中说玫瑰"常开花明媚，可置之近砌，芳香满庭，虽萱草忘忧，合欢蠲忿，无以尚也"，或许此时刚兴起在庭院中种植带有香味的玫瑰花。因为一些蔷薇开的带香味的红色花朵与传说中的红色宝石"玫瑰"颜色类似，于是人们最初以玫瑰形容它的花色，后来干脆就以"玫瑰"为名了。9世纪前期，李肇《翰林志》中记载当时大明宫翰林院内种植的植物中既有紫蔷薇，也有玫瑰。

宋代人喜欢采集带香味的玫瑰花与樟脑等一起放在香囊中佩戴。南宋诗人杨万里写有《红玫瑰》一诗，区分了玫瑰和月季、蔷薇的不同：

> 非关月季姓名同，不与蔷薇谱牒通。
> 接叶连枝千万绿，一花两色深浅红。
> 风流各自胭脂格，雨露何私造化工。
> 别有国香收不得，诗人熏入水沉中。

宋朝人栽种的这种有香味的玫瑰花可能就是皱叶蔷薇（*Rosa rugosa*），原产于东北亚海滨地区，能长到1米多高，它茎秆上密布着刚毛和直刺，叶表面布满皱纹，果实是扁球形，要摘一朵"带刺玫瑰"得小心翼翼才成，古人形象地视之为"豪者""刺客"。最初它只有单瓣花品种，后来人们栽培出了重瓣变种，一般夏天开花，通常是紫红色或白色，花可供制香料，果实可供食用，根皮可制染料。

玫瑰和月季最好辨认的差别是玫瑰有香味，且多在五六月开花一次，而月季可以月月开，没有香味，没法提取香精。"诗人熏入水沉中"说明当时已经出现了用玫瑰花、沉香等蒸馏制作被称作"玫瑰沉"的香水。

明代园艺家对玫瑰和其他没有香味的蔷薇科植物有明确的区分，如《学圃杂疏》称玫瑰"色媚而香甚""可食、可佩"，稍后王象晋在《群芳谱》中对玫瑰有了更为细致的辨别，指出它"多刺、有香、有色"，花瓣可以"入茶、入酒、入蜜"。

在中国，玫瑰和月季、蔷薇一样，没有获得如荷花、竹子那样重大的象征含义，除了在花园欣赏，只有些实际的用处，如唐代人用玫瑰花朵来制作香袋、香囊，明朝人用来制酱、酿酒、泡茶和制作小吃，北京老牌的糕点店稻香村现在还卖南玫瑰饼，是用鲜玫瑰花、白糖、香油、红丝、桃仁等烤制的。

18 世纪末 19 世纪初，西方人把日本北海道和本州的玫瑰、中国北部的皱叶蔷薇引种到欧美，同茶香月季、杂种茶香月季、杂种长春月季等进行杂交，培育了许多现代月季的新品种，或多或少都保存了玫瑰的一些特点：细枝多，叶皱缩，花梗短而弱，香味浓烈。

晚清民国的翻译家将欧美的各种蔷薇科植物 Rose 翻译成"玫瑰"，浓艳的紫红色欧洲杂交新品种"洋月季"在 19 世纪末 20 世纪初登陆东方摩登都市上海，各种小说、教科书把欧美文化中相关玫瑰的宗教、爱情象征意义和情人节这种习俗传扬开来。在林纾翻译的小仲马言情小说《巴黎茶花女遗事》的影响下，国内先后出现了《玫瑰花下》《玫瑰贼》等言情小说，林纾与陈家麟合译的英国作家巴克雷的小说《玫瑰花》也在 1918 年出版。这些文学作品让玫瑰和爱情联系起来。作曲家陈歌辛在 1935 年创作出《玫瑰玫瑰我爱你》这首曲子，后来不仅走红上海滩的歌厅，还在"二战"后飘到美国，有了爵士乐演绎的版本，现在很多人还以为这是美国的流行歌曲呢。

当时在上海滩走红的作家张爱玲也写过有关玫瑰的小说《红玫瑰白玫瑰》，不过这位挑剔的作家对爱情的体验可能没有作曲家那样乐观，在她眼里红玫瑰有点尘俗，所以还要有白玫瑰、黄玫瑰之类的少见品类来呈现日常生活中清逸、冷冽的一面。就像法国学者让·鲍德里亚说的，现代社会中的消费者更大程度上买的是商品代表的意义及意义的差异，而不是具体的物的功用。通过情人节这个洋节带来的"时尚仪式"，把"玫瑰"这个汉语中早就有的名字转化成具有新的文化意义的词汇，它成为了都会时髦群体追求的共同标记，以后又慢慢通过报刊电视向更大层面传播开来。可当玫瑰花成为大路货，特定的群体又会去寻找其他的象征物品来标记、代表自己，比如后来小资爱说的郁金香、薰衣草一类。

欧洲文化中的"rose"

在西亚和欧洲文化中，"rose"扮演了重要的角色，有香味的玫瑰是著名的香料，也是宗教中具有象征意义的植物。

5000 多年前的巴比伦空中花园（the Hanging Gardens of Babylon）和古波斯花园（the Gardens of Ancient Persia）可能就种有红色的突厥蔷薇（*Rosa damascene*），它散发出的丁香般的香气让波斯人着迷不已，那时候就试图固定和保存这美妙的味道。古波斯人可能在 4000 多年前就把玫瑰花加入油膏制成香料传播并开始大量人工栽培玫瑰，人工栽培的突厥蔷薇可以长到 2 米，开重瓣的粉红色花朵。伊朗东北部人工栽培的玫瑰后来传到达希腊、美索不达米亚、叙利亚和巴勒斯坦。

克里特岛诺萨斯（Knossos）遗址著名的"蓝鸟壁画"上绘制有大约公元前 1700 年的蔷薇图画，花瓣上的红色斑点，中间有许多黄色的花药和清晰可见的刺，这都是蔷薇的特征，可能是后世命名的"法国蔷薇"（*Rosa gallica*）或亚述、埃及出产的"神圣蔷薇"（*Rosa sancta*）。

公元前 8 世纪的希腊女诗人萨福（Sappho）在诗文中推崇玫瑰为"花中女王"。当时蔷薇在希腊可能广泛种植，已是大众文化的一部分，被视为爱与美的女神阿佛洛狄特、快乐之神狄奥尼索斯的象征。公元前 5 世纪的希腊诗人品达（Pindar）曾经描写希腊一个城邦中到处是香堇和玫瑰：

香堇甜甜的香味与阳光一道浸遍了整个城市，

香气所及之处，蔷薇为额头加冕。

古希腊历史学之父希罗多德（Herodotus）记录过栽培在国王花园中的具有60片花瓣的蔷薇，后人考证它可能是重瓣的法国蔷薇或白蔷薇（*Rosa alba*）。"植物学之父"西奥弗拉斯塔（Theophrastus）记载当时的富贵人家会在庭院中栽种百合、香堇、蔷薇和其他带香味的花，人们相信花香可以助人保持健康。西奥弗拉斯塔说当时人种植的蔷薇"有不同的花瓣，一些是5片，还有一些是12片或20片，少数甚至达上百片。它们在颜色、香气的甜味方面也是不同的。一些较粗，并且花朵较大的芳香蔷薇的花萼较为粗糙。最甜的蔷薇来自昔兰尼（Cyrene）。"昔兰尼就在今天北非城市班加西附近，公元前7世纪时就成为希腊人经商的殖民据点。另外他还描述，从西亚而来的突厥蔷薇也非常芳香。

在北非、西西里和西班牙经商、定居的希腊人把蔷薇引种到罗马控制的地方。罗马人最初和希腊一样，在特殊节庆祭祀神灵或纪念逝者的仪式上才佩戴玫瑰花冠，涂抹玫瑰油膏，认为它是美神维纳斯的象征。

后来，出于对玫瑰的形色、气味的欣赏，很多罗马的权贵富豪日常也佩戴玫瑰花冠、香囊，还为此从东方进口植株。公元前300年，影响政治走向的罗马元老院元老之一加图（Marcus Porcius Cato）认为在日常生活中滥用玫瑰是道德败坏和奢侈浪费，试图阻止人们随意佩戴玫瑰花，他曾把罗马与外敌作战期间还在城中白天头戴玫瑰花冠游乐的高利贷商人投入监狱。可他无法阻止其他达官贵人对玫瑰的热烈追求。为了减轻罗马人为此支付给东方的金钱，加图曾鼓励人们在自己的私人花园里种植玫瑰，争取自给自足。

公元前1世纪，罗马政治家马尔库斯·图利乌斯·西塞罗（Marcus Tullius Cicero）指控贪婪浮华的西西里总督（Caius Cornelius）生活奢侈，因为每当他到乡间旅行时，总是坐在铺满玫瑰花瓣的凳子上，头戴玫瑰花环，鼻子底下还挂着一个有玫瑰花瓣的嗅袋。稍后罗马进入恺撒和奥古斯都的时代，权贵纷纷修建私人玫瑰园，既可以散步欣赏，也可以为自己的客厅、卧室供应新鲜的芳香鲜切花。

这一时期埃及的统治者是以奢华著称的"埃及艳后"克丽奥佩特拉

埃拉加巴卢斯的玫瑰花季，油画　1888 年　劳伦斯·阿尔玛—塔德玛（Lawrence Alma-Tadema）　西蒙基金会

　　传说古罗马暴君埃拉加巴卢斯（Heliogabalus）曾在大摆筵席时让数吨玫瑰花瓣突然从天而降，将宾客们淹没其中。这位古罗马皇帝原名瓦里乌斯·阿维图斯·巴西亚努斯，因崇拜腓尼基性爱之神埃拉加巴卢而改用现名。画中他位于画面的中央，仿佛染上了 19 世纪流行的"倦怠症"一样倚在躺椅上，与坐在旁边的母亲和宠臣一起看着被花瓣雨埋没的与会宾客。玫瑰在古代既是帝王尊贵的象征，也是画家十分钟爱的主题，同时，在 19 世纪的欧洲文艺界，玫瑰也略带颓废的意味。

（Cleopatra），据说她的房间中摆满玫瑰花，每天一定要在装满香料的浴缸中沐浴，并在身体上涂麝猫香之类的动物性香料，性感的香味帮助她先后征服了罗马将领恺撒、马克·安东尼。她和安东尼最终在罗马的三巨头内斗中被击溃，最后绝望地用毒蛇终结了自己生命，可她生前的豪华做派让罗马权贵羡慕不已。

　　此后罗马权贵也开始大规模将玫瑰用于欢庆、晚宴，每年 5 月还有玫瑰节。贵族纷纷用玫瑰和香堇装饰宴席乃至浴池，宴请时会让侍者给客人戴上香气扑鼻的玫瑰花环。罗马帝国第五代皇帝尼禄举办宫廷宴会时曾让属下从天花板高处洒下成堆的玫瑰花瓣，同时用银制的管子向每张桌子喷洒带有玫瑰香味的水，让整个宴会都弥漫在浓郁的香气中。权贵的爱好催生了到各地购买搜集玫瑰花的商人，甚至出现了专门的玫瑰花交易所。

　　罗马贵族的骄奢淫逸影响了公元初基督教会对玫瑰花的看法，教会一度认为玫瑰是种诱发堕落的色情之花，禁止基督徒用玫瑰做装饰和沐浴，直到 4 世纪初在圣母玛利亚崇拜兴起的时候才有所改变。为了渲染耶稣基督的神奇和附会民间的偶像崇拜习气，有教士把圣母与玫瑰花组合在一起，称玫瑰花为纯洁的象征。后来一些隐修教士还把 150 篇圣咏里的《圣母圣咏》称为《玫瑰经》（Rosarium），意思是说这一系列咏歌如同献给圣母的一束玫瑰花。中世纪时，许多诗文将圣母玛利亚说成是"无刺的玫瑰"。11 世纪后，许多哥特式教堂正厅的窗户用玫瑰图形装饰。

　　这时候也出现一种传说，说耶稣钉在十字架上时，流出的鲜血滴在泥土中的苔藓上，它们神奇地长出玫瑰花，提醒人们这是救世主为人间罪孽而流下的鲜血。教会就此赋予玫瑰宗教上的含义，红玫瑰成为基督受难和复活的象征，白玫瑰成

了圣母玛利亚的标志，石楠蔷薇被说成是从耶稣带有刺的蔷薇花冠流出的血上长出的。

既然玫瑰已经成为象征基督受难的天国之花，很多修道院、贵族开始把玫瑰作为族徽、标志来使用。1455—1485 年，为了争夺英格兰王位，以红玫瑰在族徽的兰开斯特家族和以白玫瑰为族徽的约克家族先后发生两次大战和断断续续的很多小冲突，最后以通婚谈和收场，皇室徽章也顺理成章改为了红白玫瑰的组合。戏剧家莎士比亚在 16 世纪编排的历史剧《亨利六世》中，以两朵玫瑰喻指上述两大家族的王位争夺战，这以后人们才用"玫瑰战争"指称这段历史。

和玫瑰有关的 2 月 14 日情人节是非常晚起的习俗。在历史上，古罗马人的牧神节是每年 2 月 15 日，那一天罗马人会狂欢作乐甚至野合来庆祝这个节日。到 496 年，教宗圣基拉西乌斯一世废除了罗马人传统的牧神节，把 2 月 14 日定为纪念基督教先烈的圣华伦泰节。传说罗马皇帝克劳狄二世为了征兵，严禁年轻男子结婚，但有个叫华伦泰的教士违反皇帝的命令继续给年轻男女主持婚礼，因此他在 269 年 2 月 14 日遭到处决，后来被教会视为圣人。

此后很长时间里，人们都没有特别在意圣华伦泰节，也没有把它和爱情联系起来，14 世纪以后人们才开始纪念这个日子，并逐渐和玫瑰花联系起来。或许 15 世纪文艺复兴以后，欧洲人重新发掘希腊文化，才想起用红玫瑰象征爱情。真正让情人节成为潮流的是 19—20 世纪的大众媒体和商业广告体系，在他们的全力渲染下，情人节才成为了一个重要节日。

在欧美，2 月 14 日也并不是人人认可的情人节。比如我在西班牙看到巴塞罗那的加泰隆尼亚人把 4 月 23 日的圣乔治节（Sant Jordi）当成情人节。传说骑士圣乔治曾从一条恶龙嘴下解救出基督徒女士，后来成为加泰隆尼亚地区的守护神，他的忌日就成为圣乔治节。从 15 世纪以后，男子们要在这一天给去圣乔治教堂做弥撒的女士们献上玫瑰花，此后渐渐发展成加泰隆尼亚地区的情人节，同期也举办盛大的玫瑰花市集。

相遇在约瑟芬皇后的花园

在中世纪蔷薇属植物的育种在欧洲几乎没有什么发展，当时法国还没有人讲究营造私人园林，只有一些修道院在药草园、花园里栽种蔷薇。直到查理曼大帝（Charlemagne）时期，法国蔷薇或白蔷薇才出现在皇家花园里。中世纪，十字军东征途中曾带回一些西亚的蔷薇品种到欧洲城镇种植。13世纪路易六世统治时期，许多人开始栽种有香味的蔷薇，他们必须在每年的1月6日交纳3个蔷薇花环和一篮子蔷薇花给地方行政主管，以便制作耶稣升天节所需的玫瑰水。14世纪开始，很多城镇都大量种植蔷薇，法国鲁昂、意大利的佛罗伦萨还向周边城市大量出口蔷薇花作为香料或者节日装扮用品。

16世纪，欧洲出现了大量植物学著作，开始对蔷薇的种类、形象进行描绘和记载。以率先在植物园引种、栽培郁金香著称的植物学家查尔斯·德·克鲁西乌斯（Charles de L'ecluse）到土耳其边境曾旅行，从那里移植异味蔷薇（*Rosa foetida*）和硫磺蔷薇（*Rosa hemisphaerica*）到荷兰莱顿栽培。他还记载说，当时的德国富豪福格尔（Hans Fugger）的花园中种植了不少于775株蔷薇。

在17世纪，西欧人能看到的蔷薇品种寥寥可数，最常见的是法国蔷薇和原产叙利亚的突厥蔷薇，它们在权贵花园中也不是主角，贵族最关注的花卉是郁金香、康乃馨、银莲花、风信子等。如17世纪末凡尔赛宫的皇家园艺师让-巴蒂斯·德·拉·昆提涅（Jean-Baptiste de la Quintinie）所著园艺植物名录列出了437种郁金香、225种康乃新、77种银莲花，但只有14种蔷薇。

18世纪后期，西欧兴起了园艺热，许多商人都顺便采购花木带回国种植或者销售。在清代中期唯一开放的口岸广州，已经有欧洲商人到花地苗圃购买植物。1752年传统月季花（*Rosa chinensis*）活体和标本被运到瑞典，1759年，一种粉红色月季花传入英国。1789年英国商人把中国的香水月季、中国朱红、中国粉、中国黄色月季等多个品种经印度带回英国栽种。1792年中国传统月季花中的变种矮生红月季（Slater's Crimson China）和宫粉月季（Parson's Pink China）输入英国，后与其他蔷薇属花木杂交育成诺瑟特月季（Noisettes）、杂种长春月

优素福和祖莱
卡　细密画中亚
布哈拉　1683年
大卫收藏博物馆

季（Remontants）、波旁蔷薇（Bourbons）等新类型。

18 世纪末 19 世纪初，引种蔷薇属植物成为园艺界的焦点，其中欧内斯特·威尔逊（Ernest HWilson）多次从中国带回许多蔷薇品种，多数都送到他先后服务的邱园、阿诺德植物园。连续开花的中国传统月季花（*Rosa chinensis*）和茶香月季（*Rosa odorata Sweet*）传入欧美后，在杂交培育现代月季的过程中发挥了巨大作用。传统月季花与突厥蔷薇、法国蔷薇及其他种类进行杂交，产生了 1000 多种杂种月季品种。茶香月季在中国名为"黄酴醾"，原产中国西南和华南，花朵较大、有类似茶香的芳香，因此英国人称之为茶香月季（Teascented Rose）。西欧园艺家用茶香月季同百叶蔷薇，突厥蔷薇及其他蔷薇反复杂交，育成了耐寒性强、可四季开花的多种"杂种长春月季"，这是 19 世纪末欧洲最流行的品类，在英国、法国的贵族花园中属于时尚花木，1906 年记录的品种在 2700个以上。而"杂种长春月季"同茶香月季进行杂交，可以培育出开花更多、花期更长、花色更丰富的"杂种茶香月季"品系，很快取代了杂种长春月季和旧茶香月季的地位。

那时在法国和英国没有四季开花的蔷薇属植物，更没有黄色品种，所以黄色的茶香月季当时特别受到欧洲贵族富豪的欣赏。为了获得珍贵的黄色花朵，法国蔷薇育种家约瑟夫·普纳（Joseph Pernet-Ducher）从 1883 年到 1888 年每年用杂种长春月季的一个品种和异味蔷薇（R. foetida）进行杂交，1894 年终于育成著名的普纳月季（Pernetiana），第二年开出了鲜艳的黄色，成了园艺界的一大轰动新闻。

当时欧洲权贵十分追捧来自远方的花木，拿破仑的妻子约瑟芬皇后就是著名的蔷薇花爱好者。1799 年开始，约瑟芬命人为自己的麦尔梅森庄园（Malmaison）收集绘画、雕塑、珠宝和花园中的众多植物，她雇用了英国园艺家为自己养护花园，求助于英格兰、比利时、荷兰、德国和法国的园艺家和育种家们，让外交官、士兵帮助她四处收集植物，建立了当时最大最美的蔷薇园，最多时收集了 250 个种或变种的蔷薇，其中至少有 22 种来自中国。她还召集画家皮埃尔-约瑟夫·雷杜德为她的植物绘制彩图，从 1802 年到 1816 年间共完成了 8 卷的巨著《百合圣经》，里面有 486 张彩色图版。这部书是准备奉献给约瑟芬皇后的，可是皇后

1814 年就死了，没能看到这部书的完成。这位画家描绘的蔷薇是如此迷人，以致被称为画玫瑰的拉斐尔（Raphael of the Rose）。

玫瑰露的清芬

基督教反对罗马权贵的奢侈生活习俗，对香料的使用大为减少。罗马帝国灭亡后，欧洲的香水文化一度中断。这时候波斯、阿拉伯地区带动了香水技术和文化的发展。9 世纪的时候，波斯人已经用蒸馏的方法制作蔷薇水，甚至已经在向中国、印度和摩洛哥出口香水。

10 世纪时，波斯人发明了以蒸汽蒸馏玫瑰花瓣的新方法，提取出来的玫瑰油尽管与水并没有完全分离，可是纯度也已经比较高。这种玫瑰精油相当昂贵，用 2000 朵玫瑰才能制成 1 克玫瑰精油，因此它们被用来调制昂贵的香水，或者给富人做药物。

11 世纪，博学多才的阿拉伯学者伊本·西拿在其编著的医药学著作《医典》中记录了蒸馏的方法和器具，从化学角度完善了蒸馏和萃取的方法，他制造出了味道更为香醇的蔷薇水、素馨水、蔷薇油等。基本方法是把玫瑰花和少许水放入大铜罐或锡罐中加热，水蒸气沿着木管进入另一只金属罐，冷凝为香气馥郁、味道微苦的玫瑰水，水上星星点点的浮油便是玫瑰精油。12 世纪时，阿拉伯人发现将香精以酒精溶解，便可缓缓释放出香味，部分浓缩精华也因酒精得到更好的保存。

为了提炼玫瑰油，波斯境内的大片土地都被用来种植玫瑰，采收以后运到巴格达提炼玫瑰油，巴格达因此成了浮动着香味的"香之都"。当地权贵富豪们还尝试各种新的香料品种，比如有人把麝香混入泥浆中修建宫殿，宫殿就能散发出浓烈而持久的香味。当时香水不仅仅是一种修饰华服的奢侈用品，还是神奇的药物。在著名的阿拉伯神话故事《一千零一夜》中多处提到，洒蔷薇水、花露水可以帮助昏迷不醒的人恢复神志。

威尼斯、佛罗伦萨等地的贵族、商人在十二三世纪和奥斯曼土耳其及阿拉伯

瓶子中的野花和玫瑰　油画　梵·高　1886 年　海牙库勒穆勒美术馆

商人打交道比较多，他们首先模仿东方习俗开始使用蔷薇水，16 世纪以后巴黎等地才开始兴起洒香水，到十七八世纪成了整个欧洲的风尚。

中国的摩登追随者

香水在今日是超市中随手可买的东西，欧洲、美国的品牌几乎垄断了香水市场。但是多数人想不到的是，在古代，波斯曾经是最大的香水出产地，那里的玫瑰油、玫瑰水、素馨油之类产品早在唐代就出口到中国。

汉末伴随着佛教的传入，印度的用香文化也影响到中国，佛教徒喜欢把龙脑、旃檀等香料调在水中供奉佛前。佛经中称"香花之水"为"阏伽水"。而在古代波斯，玫瑰香水不仅用于喷洒住处、宴会，也是一种调味品、药物。

8 世纪中期至 13 世纪，阿拉伯阿巴斯王朝以出产香水著称，如以制造香水著称的城市朱尔每年送到巴格达去的红蔷薇香精就多达 3 万瓶。"用蔷薇（玫瑰）、谁怜、橙子花、紫花地丁等香花制造香水或香油，在大马士革、设拉子、朱尔和其他城市是一种兴旺的工业……朱尔出产的蔷薇水大量出口，远销到东方的中国和西方的马格里布。"[1]

晚唐时，人们已经知道西方出产植物精油，段成式《酉阳杂俎》记载："野悉蜜（素馨花精油），出拂林国，亦出波斯国……西域人常采其花，压以为油，甚香滑。"[2] 到了五代，香水传入中原。《册府元龟》中说梁太祖开平四年广州曾进贡外商带来的"船上蔷薇水"，后周世宗显德五年（958 年）占城国王也曾遣使节进贡 15 瓶"洒衣蔷薇水"，"言出自西域，凡鲜华之衣以此水洒之，则不黦而复郁烈之香连岁不歇"[3]。辽宋时代的墓葬遗址也出土过专门盛放蔷薇水的伊斯兰风格玻璃瓶，是用蜡密封瓶口。

后来苏门答腊岛的三佛齐国、西域的大食国都曾进献蔷薇水给宋朝皇帝。当

---

① 温翠芳.唐代外来香药研究 [M].重庆：重庆出版社，2007：217.

② 许逸民.酉阳杂俎校笺 [M].北京：中华书局，2015：1358-1359.

③ 乐史.太平寰宇记卷之一百七十 [M].北京：中华书局，2007：3435.

时人们多使用蔷薇水供佛，也是女子洒衣的尤物，北宋、南宋常有关于从华南进口蔷薇水的记载，多是佛教徒用于供佛或者权贵富豪、时尚女士们洒在发髻、衣物上增添香味。

宋朝宫廷仪式和日常都大量使用香料，如南宋诗人杨万里就在《正月五日以送伴借官侍宴集英殿十口号》中夸耀他在皇宫中闻到蔷薇露等香水和沉香、麝香等熏香的味道：

> 金猊狻猊立玉台，双瞻御坐首都回。
> 水沉山麝蔷薇露，漱作香云喷出来。

北宋权臣蔡京之子蔡绦在《铁围山丛谈》卷五中提到蒸馏制作香水的技术在北宋末年已传入广州，"旧说蔷薇水，乃外国采蔷薇花上露水，殆不然。实用白金为甑，采蔷薇花蒸气成水，则屡采屡蒸，积而为香，此所以不败，但异域蔷薇花气，馨烈非常，故大食国蔷薇水虽贮琉璃缶中，蜡密封其外，然香犹透彻，闻数十步，洒著人衣袂，经十数日不歇也，至五羊效外国造香，则不能蔷薇，第取素馨、茉莉花为之，亦足袭人鼻观，但视大食国真蔷薇水，犹奴尔"[1]。可见波斯人用大马士革玫瑰制成的花露香气更为浓烈，远胜国产，所以富贵人家还是推崇进口洋货。

明清两季，国内人也用本土的玫瑰品种蒸馏花露水，用玫瑰花瓣熏茶、泡酒、制蜜饯，出现了一些以栽培利用玫瑰花著称的地方，如山东平阴玫瑰镇、北京妙峰山和甘肃苦水镇。

明万历年间，平阴翠屏山宝峰寺僧人慈净于翠屏山周围种植玫瑰，后繁衍扩大，周围民众都开始栽种。明末僧人已用玫瑰花酿酒、制酱、做茶。清末已形成规模生产，各地客商在摘花季节会来收取花蕾、花瓣等。1957年当地开始用鲜玫瑰花提炼玫瑰油。1960年当地政府把这个镇改名"玫瑰人民公社"，后更名"玫瑰镇"。

---

① 蔡绦.铁围丛谈卷第五 [M].北京：中华书局，1983：97-98.

白蔷薇图页　绢本设色　马远　南宋　故宫博物馆

　　北京妙峰山下的村镇在清代以种植玫瑰花著称，这可能和著名的妙峰山香会有关。明代妙峰山上的敕建惠济祠（娘娘庙）因为"灵验"远近闻名，"香火甲天下"。每年农历四月初一至十五香会期间，数万附近民众前来拜祭进香，把当地的鲜花饼等小吃的名声也传扬出去了。据说这里的玫瑰最早是僧人种植的，最初都是野生单瓣玫瑰，后经庙里僧人数十年的培育成为重瓣品种。村民、商人也开发出各种用法，北京城的糕饼店里收购玫瑰花瓣以后用于制作面点、玫瑰花酱、制作胭脂头油等，鲜花玫瑰饼还曾在乾隆年间成为御膳面点和祭神供

华荫双鹤图 绢本设色 郎世宁 清代 台北"故宫博物院"

品。只是现在妙峰山的玫瑰种植规模已经不大，因为相比在北京的其他工作，种玫瑰投入产出比太低，采摘玫瑰花又辛苦，劳动力消耗大，从经济角度看不太划算。

清朝乾隆年间，尽管兰州附近已经以种植玫瑰著称，但当地有更为生活化的故事。传说道光年间，兰州附近永登县苦水镇李窑沟的文人王乃贤赴京赶考返回时，从西安带回几株玫瑰花苗，栽植在自家花园中观赏。"苦水镇"的地下水碱性大、苦味道，不料这里的环境却适宜玫瑰的生长。他种下的玫瑰枝繁叶茂、花香四溢，周围人家纷纷移栽种植，不过数年各家房前屋后满是玫瑰。后来皱叶玫瑰和钝齿蔷薇杂交出苦水玫瑰（*R.sertata* × *R.rugosa* Yu et Ku），更适应当地气候，得到广泛栽培。人们也纷纷有了各种利用玫瑰花瓣的办法，如酿酒、糕点作料等，农家妇女蒸馍做饼时把玫瑰花当作香料掺入其中增香，也有人把晒干的玫瑰花蕾加入"盖碗茶"中提味。直到 1961 年，当地人才尝试购买设备提取玫瑰精油。我的家乡距离永登 100 多千米，他们利用玫瑰的做法也很早就传播到我们这个城市。记得小时候母亲蒸花卷、烤饼的时候会在里面撒一点玫瑰花瓣，与姜黄、苦豆一样带给花卷和饼别样的香味。

几乎所有的玫瑰花在生物学意义上并不娇贵，对生长条件的要求十分低，耐贫瘠，耐寒、抗旱，适应性强，所以在世界各地都有种植。

1868 年，孟德尔发现的遗传规律以及欧洲的其他系统性植物学研究带动了花木育种的革命。欧洲的一些国家、美国和日本都后来居上，培育出了远远超过之前 2000 多年总和的新花卉品种。仅月季就出现了数千个新的品种，现在国内种的许多月季、玫瑰都是近代以来从国外传入的杂交品种。

近年来，传统园艺学家的风头几乎要让基因工程研究者抢走了。1983 年首例转基因植物问世后，科学家主要把这项高科技用在主粮、蔬菜和水果的改进上，但也不断有人在尝试用基因工程给观赏花卉育种——不经过有性繁殖，而是克隆含有某些特殊性状的外源基因，运用生物、物理和化学等方法把这种克隆基因导入某一花木的细胞，培养出具有特别花色、形状和抗病能力的转基因花卉。比如日本和美国分别有科学家开发出蓝色玫瑰。自然界只有极少数花是天然蓝色的，那是因为这些花的细胞里含有较多蓝色翠雀素。日本的生物化学家实验从其他花卉中克隆一种酶基因注入玫瑰花的细胞里，让它可以合成比较多的蓝色翠雀素，于是就得到了蓝色玫瑰花。而美国范德比尔特大学的两位科学家在实验中发现肝酶侵入细菌的时候能让整个细菌发蓝，他们就尝试把肝酶注入玫瑰的细胞里，结果，花瓣也变蓝了。如果这些新技术得到推广，或许人们能看到更多"见所未见"的新奇花色。

茉莉

印度的馨香

我在印度泰米尔纳德邦首府马杜赖市（Madurai）待过，那里是"茉莉花之城"，街道上的小推车上摆满茉莉花串起来的白色花环。去神庙的人们都会随手买一把去敬神还愿，顺便自己也买一串戴在身上。事实上，我已经不太惊奇于这个场景，印度从北到南，总能在神庙外看到卖花的人，茉莉花（*Jasminum sambac*）也总是摆在最前面。这让我想起在国内的时候，我曾在北京南锣鼓巷那边住过一段时间，那时我常在咖啡馆喝茉莉花茶。店里直接把茶叶和干茉莉花一起泡，类似菊花茶，大拇指头那样大的椭圆形白花浮在水中，而当年我父亲那辈人泡的是吸收了茉莉花香气的茶叶"香片"。

在马杜赖，让我兴奋的是听到梵语和泰米尔语的茉莉花发音分别是"Mallika"和"Malligai"，音译过来就是"茉莉"这个读音，以前佛经上翻译成"抹利""抹厉"。以前学者曾争论茉莉花到底是从波斯还是印度传入中国的，茉莉花的泰米尔发音或许可以证明，这种花多半是从印度南部传入中国的，波斯人仅仅是传播者。首先因为波斯人对这花的发音"Yasmeen"和汉语

茉莉　手绘图谱　爱德华（S. Edward）1815 年

"茉莉"明显不同；其次，当时波斯人也无法从阿拉伯海直航到南海，路上一定是走走停停的，他们在印度南部停留的时候带点花草也正常。

最近的研究表明，茉莉的原产地是印度东北部和不丹的山谷。2000多年前的印度史诗《罗摩衍那》中提到了素馨和茉莉花。在佛陀出生以前的遥远岁月，它就从原产地传播向各地，3000多年前的古埃及就曾有它的踪影。大概是以跑远洋生意著称的波斯商人先把它们移植到波斯和阿拉伯地区的园林中广泛种植，到18世纪又从阿拉伯地区传到欧洲，因此英国人通常称为"阿拉伯茉莉"。

中国古人通常把木樨科素馨属的很多常绿灌木或藤本植物统称为茉莉或者素馨，其中最常见的观赏植物就是茉莉花和素馨。魏晋时期《扶南传》中记载，马来半岛的顿逊国人喜欢用发出香味的花进奉神灵，其中"摩夷花"可能就是茉莉花，估计是很早之前就从印度传入的。《南方草木状》也记载耶悉茗花（素馨）、茉莉花是胡人从"西国"传入南海（泛指东南亚各国），然后又传入中国华南。

原本长在印度的茉莉喜欢温暖的气候，最早传入广东、福建，东晋时已经向北蔓延到江浙一带，开始主要是在佛寺中种植和礼佛，如唐代李群玉的诗《法性寺六祖戒坛》记述了广州法性寺内栽种菩提树、茉莉花，诗云：

> 初地无阶级，馀基数尺低。
> 天香开茉莉，梵树落菩提。
> 惊俗生真性，青莲出淤泥。
> 何人得心法，衣钵在曹溪。

就像印度女人爱把这种花戴在身上发出可人的香味，这种花进入中国后很快就被戴上了女人的发簪，"倚枕斜簪茉莉花"的风尚随之出现——可能也因为这一点，茉莉没能在男性文人设定的花的象征世界中博得一个好位置。

唐代以后，连北方长安的妇人也开始把它簪在发髻上或者用彩线将花朵串起来挂在钗头。想来当时在北方养茉莉花要花很大的气力，冬季要放在有火源的燠室或用东西覆盖在上面才能存活，价格也比华南要高好多倍。到宋代，茉莉是上上下下、南北通行的爱好，北宋文豪苏东坡被贬海南时，描述当地黎族姑娘口嚼

茉莉花图　绢本设色　赵昌　北宋　上海博物馆

槟榔、头簪茉莉的样貌是"暗麝着人簪茉莉，红潮登颊醉槟榔"。南宋的孝宗皇帝赵昚夏天喜欢去选德殿、翠寒堂乘凉，因为这些殿宇养着几百盆茉莉、素馨，"鼓以风轮，清芬满殿"[①]。

茉莉花的香味来自里面含的油性成分，如苯甲醇及其酯类、茉莉花素、芳樟醇、安息香酸、芳樟醇脂等。可是古人不甘心这味道随着季节远去，他们想出各种办法要珍藏这气息，有钱有势的人买进口的茉莉花香精，还开始尝试用茉莉花焙茶，让茶叶吸收茉莉花的香气再保存起来泡着喝。宋代人还将素馨和沉香放在一起制作成香水使用，如南宋人程公许曾写过《和虞使君撷素馨花遗张立蒸沉香四绝句》，其中一首写道：

平章江浙素馨种，小白花山瓜葛亲。

---

① 唐圭璋.词话丛编 [M].北京：中华书局，2005：1213.

借取水沉薰玉骨，便如屏障唤真真。

如今大部分香水里或多或少仍然有茉莉花的影子，现代提取茉莉浸膏一般采用浸提法：先把鲜花放入石油醚等有机溶剂中，使花瓣中的芳香物质进入溶剂，通过蒸馏回收掉有机溶剂，即可得到茉莉浸膏，是制造香脂、香水的原料。茉莉花在夜晚和清晨绽放的时候香味最为浓烈，如果被阳光照到，就会失去一些香味，所以最好的精油都是在晚上萃取。由于产量很低，至今茉莉精油还是最昂贵的香水原料之一。

唐代以来写茉莉花的诗有好几百首，可现在家喻户晓的却是一首民歌《茉莉花》。曾有媒体报道说音乐研究者发现，五台山藏传佛教音乐中的《八段锦》曲调酷似江南民歌《茉莉花》，便猜测这曲调最早可能是佛教徒用来歌颂佛陀和用于敬礼的茉莉花，随着僧人们四处云游，此曲调才传至江南。这似乎有点想当然，也可能恰好相反，清代佛教徒采用民间的俗曲来弘扬佛法的例子也有不少。

这首歌的传播也类似于波斯人将茉莉从印度带到中国的过程，有着曲折的故事。《茉莉花》这首歌的原始版本《鲜花调》大概明代才出现，清代流行全国，从江南到广东、青海许多地方都有传唱，讲的是青年面对茉莉花、金银花、玫瑰花时萌发出的对情爱的渴望：

"好一朵茉莉花，满园花草香也香不过它。奴有心采一朵戴，又怕来年不发芽。

好一朵金银花，金银花开好比钩儿芽，奴有心采一朵戴，看花的人儿要将奴骂。

好一朵玫瑰花，玫瑰花开碗呀碗口大，奴有心采一朵戴，又怕刺儿把手扎。"

在中国，这只能收入地方小调之类的闲杂书刊，好在 18 世纪末有个外国人西特纳将它的曲调记了下来，并经过改编在伦敦出版。后来，在晚清担任过第一任英国驻华大使秘书的约翰·贝罗（John Barrow）在 1804 年出版的《中国游记》（*Travels in China*）里刊出了他在广东听到的民歌版本《茉莉花》歌谱和其他 9 首乐曲，《茉莉花》遂成为以出版物形式传向海外的第一首中国民歌，此后常入选欧洲出版的各种民歌集，逐渐流传开来。

关键的变化是在 1924 年，意大利作曲家普契尼在创作歌剧《图兰朵》的时候。因为剧中主角是位元朝的公主，所以他就把民歌曲调《茉莉花》改编成女声合唱上演，歌剧的流行让这首民歌竟然成为外国人最熟悉的中国歌曲之一。实际

歌剧《图兰朵》套装　封面设计　艾米·奥力克（Emil Orliik）　1906 年

上，元朝很可能还没出现《茉莉花》这支小调。但艺术的优势正在于他可以超越时空把各种元素组合起来，"异国情调"也能吸引人们的好奇。当年普契尼可以说是时尚艺术家，他用遥远的中国公主来演绎一段爱情，就像现在北京、上海也用纽约、伦敦的时髦风气来标榜一样，当《图兰朵》从欧洲来到中国演出的时候，就具有双重的异国情调了。

这首民歌当年在时髦的上海也曾经出名，1933 年扬剧老艺人黄秀花在上海蓓开唱片公司发行的唱片里就有这支曲子。可是现在国内熟悉的是 1957 年音乐家何仿改编的"好一朵美丽的茉莉花"，三段歌词都改成歌唱茉莉花，就好像把一个烂漫少年的直白改造成重复的诗人咏叹，从乡间跑到城里，野性到底差了有一点。

柑橘

橙花的气味

在西班牙塞维利亚、格拉纳达、科多巴这些南部城市随处可以见到橙子树，黄澄澄的果实挂在树上、掉在地上也没有人吃。有一次在塞维利亚一座教堂的院子里，我忍不住摘下来一个，掰开一小块，塞进嘴里的瞬间，酸得我大脑像计算机黑屏似的，懵了好一会儿。后来看旅行书上说这是 10 世纪左右占领安达卢西亚的摩尔人从阿拉伯世界引种的，叫"酸橙"（ *Citrus × aurantium* ），因为在塞维利亚常见，西班牙人也称为"塞维利亚橙"。塞维利亚本地人很少吃这种酸苦的橙子，任其在树上自生自灭，17 世纪的时候却有英国人喜欢上了用酸橙做的果酱、蜜饯之类，成为了西班牙的出口商品。

橘子、葡萄、石榴图　鲁宗贵　绢本设色，波士顿艺术博物馆

酸橙是波斯和阿拉伯地区常见的树木，后来传入土耳其和北非的阿尔及利亚、摩洛哥、突尼斯地区，8世纪的时候，北非摩尔人占据南欧部分地区后又传入西西里、安达卢西亚地区，后来传播到南欧各地，开始主要种在庭院中观赏和入药。17世纪，意大利人尝试蒸馏酸橙的花朵果皮、嫩叶提取橙花精油，据说当时一位贵妇喜欢用橙花泡澡和用橙花精油熏香手套，后来其他人跟风就流行起来，一度还成为威尼斯等城邦出口的昂贵商品。18世纪，法王路易十五的情妇澎湃德尔夫人喜欢使用橙花精油，带动了它在法国的流行，法国南部提取酸橙精油的作坊也从那时开始闻名。酸橙的精油有橘类的香甜和一点点葡萄柚味的苦味，层次更为丰富，价格也要比从甜橙皮中提取的香精贵。

古代中国人曾把柚子、橙子的花、皮作为香料。宋元时的人也曾饮用柚子花制作的饮料"熟水"，南宋诗人杨万里曾在《晨炊光口砦》中写熏蒸柚子花制作饮料一事：

泊船光口荐晨炊，野饭匆匆不整齐。
新摘柚花薰熟水，旋捞莴苣泡生虀。
尽教坡老食无肉，未害山公醉似泥。
过了真阳到清远，好山自足乐人饥。

柑橘植物的分类

柑橘类的植物有许多种，有些是重要的水果，有些则是制作香精、香水、调味品的材料。其中人们熟悉的枳（*Poncirus trifoliata*）、柑橘（*Citrus reticulata*）、橙（*Citrus × sinensis*）、柠檬（*Citrus × limon*）、柚（*Citrus maxima*）、香橼（*Citrus Medica*）等都有着或紧或松的橘黄色外果皮，里面是呈扇形分布的多汁果肉，由于久经栽培，杂交众多，外形相似，叫法众多，也让它们在世界各地的传播历史众说纷纭。

枳树长着三出复叶，低矮有刺，与柑橘属植物橘、橙、柚标志性的单身复叶

柑橘属植物　手绘图谱　B. 贝斯勒（B. Besler）1620 年

不同，因此中国科学院植物研究所编写的《中国植物志》单独归类为枳属。它的果实最小，还带茸毛，又酸又苦，多是药用。"橘化为枳"这个古老成语按照现代植物学的知识来说是不成立的，因为橘和枳是不同的两种植物。2000 多年前的古人更想不到的是，现今的人不必在乎水土的问题，借经济和现代交通之力，加利福尼亚种植园的橙子几天之内可以出现在北京的超市里。

柑橘则指各种品种的"橘子""芦柑""温州蜜橘"等，主要特点是皮薄好剥，人们一般把皮最薄、小而红的品种称为"橘子"，花、果比橘子大、皮稍厚而稍难剥的称为"柑"。黄皮的柑橘更为原始一些，红皮橘是黄皮柑橘从热带向北方温带移植过程中因光、热条件变化导致基因改变形成的。

橙是柑橘和柚杂交，再将杂交品种与亲本杂交所得的新品种，分别有酸橙、甜橙两个基本种，皮都比较厚不好剥开。橙树的花是一簇一簇生长的白色小花，而柑橘的花常是单生或三花成簇。

柠檬的特点是果实呈长圆形而且顶端有突触，味道非常酸涩，一般不直接当水果吃，可以用于烹饪调味或者冲泡柠檬水喝。

柚的果实最大，每片果肉都包裹完整，果皮很难掰开。外皮和果肉（植物学上称为"内果皮"）之间白色的"橘络"的多少和紧密程度决定了上述水果好不好剥皮，比如橘子的橘络分解较多而且疏松，就很容易从外果皮上剥离。

香橼可以说是柑橘属植物中的少数异类——因为它的果实不是圆形而是不规则的长条状。香橼及用它制作的香料曾经在犹太人、波斯人、罗马人的文化中极

包裹的橙子　威廉·约瑟夫·麦克
洛斯基（William Joseph McCloskey）
1889 年　沃斯堡阿蒙　卡特美国艺
术博物馆

奉橘贴　东晋　王羲之　唐代双钩
摹本　台北"故宫博物院"

为著名，古代犹太教徒在住棚节礼拜中讲究把带有果实、枝叶的香橼树枝插在豪华容器中，礼拜时信徒左手拿着香橼枝，右手拿着编在一起的棕榈、桃金娘、柳枝（应该指胡杨枝）。用香橼制成的膏在古印度长期用于美容、治病，香橼果也常常被进献在神庙中作为供果。在欧洲，香橼至今还是重要的植物香料，很多香水中会用到。

香橼传入中国的历史颇早，《齐民要术》引用东汉杨孚所撰《异物志》、晋代裴渊所撰《广州记》说"枸橼"（香橼）这种树类似橘子树，果实有柚子那么大，但是呈长条状，"皮有香，味不美"，滋味气酸，可以用来浸泡软化葛、苎麻的茎秆，晋代时广州人已经用它的皮加入蜜（蜂蜜或蔗糖）做成膏。《南方草木状》提及西晋太康五年大秦（罗马）曾向晋武帝司马炎进贡了十缸这种香膏，皇帝赏赐了三缸给自己的舅舅王恺。王恺在历史上以和另一位高官、富豪石崇斗富著称，也曾拿这些异国香膏向石崇夸耀。

事实上，史书上记载的各种"进贡"行为往往并非真的使节往来，而是商人以进贡为名进行的贸易活动。如《魏书》记载南北朝时中亚的粟特人部落"康国"出产阿薛那香（香橼），这很大程度上也是因为粟特人经营这种香料而已，未必康国真的种植香橼。

唐代时候京城权贵富豪流行在宴会上用雕琢的"枸橼"作为散发香味的装饰，当时它在岭南已经有少量种植，到宋代已是福建广东江南普遍种植的东西，一直是这些地方的人摆饰增香的用品。如元代诗人凌云翰曾写诗称赞：

图寘如瓜尚得霜，老禅相赠杂青黄。

韵欺薝卜熏狮座，巧学流苏映象床。

蜡烛照来微弄影，金盆浴罢暗生香。

南州士女争雕镂，浸密涂脂取次妆。

橘在中国

橘的得名也许是因为它成熟以后如同彩色"矞云",战国时期《吕氏春秋》称赞的"果之美者"中就包括"江浦之橘,云梦之柚"①,表明 2000 多年前长江中下游的橘子就是出名的水果。橘还是重要的中药材,橘皮、橘树叶、果实乃至果肉外的白丝都可分别入药。

在我小时候,多数人常吃的还是小而甘甜的橘子,这是长江中下游和华南、西南地区的土产,屈原的《橘颂》、三国时代曹植的《植橘赋》、晋代潘岳的《橘赋》写的都是它。8 世纪,日本僧人田中间守到浙江天台山"国清寺"学佛,回国时把出产于天台山的味甜、质嫩、汁多、核少的"蜜橘"的核带回日本种植于鹿儿岛的长岛村,经过一代又一代培育,不断繁衍改良,获得更优品种,就命名为"唐蜜橘"。

宽皮橘和宜昌橙(*C. cavaleriei*)的杂交后代香橙虽然果肉酸涩难以入口,但是果皮能散发出香味而且保存时间长,所以唐代诗人张彤形容是"行者采撷方盈手,暗觉馨香已满襟",当时常被僧人用来供奉佛像,后传入日本、韩国,当地人称为"柚子",还用来制作柚子茶、柚子醋。

在古代医药书中,橘子的果实、橘饼(成熟福橘用蜜糖渍制成)、橘皮(又名陈皮)、青皮(橘子幼果及未成熟果实外皮)、橘红(成熟橘子果皮外层红色部分)、橘白(成熟橘子果皮内层白色部分)、橘络(果瓤外表筋络)、橘核、橘叶等都有入药的记录,南方人等橙子、橘子果实成熟后,摘下果实,剥取果皮,阴干或通风干燥后制成"陈皮"。唐代江陵郡、梓潼郡还把陈皮当作"土贡"进献皇帝。明清时,广东陈皮闻名全国,如广东新会葵扇产业发达,新会商人利用运销葵扇之便,将本地出产的芸香科植物茶枝柑的干燥果皮大批销往外省,令"广陈皮"名声远播。清光绪末年,新会从事陈皮业的商号一度达 70 余家,可以看出商业力量对于饮食、医药行业的影响。可能也是从那时候开始广东人把陈皮当作调料和滋补品使用,在做菜、煲汤时用,后来也传播到其他地方。

---

① 许维遹.吕氏春秋集释[M].北京:中华书局,2009:320.

柑橘在世界

柑橘属植物的原生地是印度、东南亚和中国华南。考古发现，古印度人在7000 多年前就开始人工种植柑橘类树木，《吠陀经》中有它的记载。印度、斯里兰卡一种味道比较苦的柑橘树大概很早就被引种到西亚、北非，公元前 300年，亚历山大大帝东征的时候也把印度的柑橘树引种到希腊、土耳其、北非等地。1 世纪时，罗马人从波斯、北非引种过柚子或橙子，罗马皇帝尼禄非常喜欢它，下令在北非建立过专门种植橙的果园。欧洲语言里的橙子（Orange）这个词的源头可以追溯到印度古梵文，然后通过波斯语、阿拉伯语、拉丁文传递到现代英语中。

8 世纪以后，北非的摩尔人占据南欧安达卢西亚地区、西西里岛的时候，把酸涩的"波斯橙"引种到这些地方，种在庭院中观赏和入药。我在塞维利亚吃的酸橙就是其中一种，虽然不能吃，但意大利人、法国人压榨酸橙的花、果皮等提炼出的橙花油和果芽油常用在香水工业中。

欧洲人吃到更甜的橙子、橘子还要等到地理大发现以后。达伽马的船队在1498 年登陆印度时发现了当地味道鲜美的甜橙，后来葡萄牙人从印度南部引种到南欧，现在很多欧洲民族语言里称为葡萄牙橙，而北欧不少地方称橙子为中国水果（Applesin）。据说 16 世纪时，葡萄牙人也从华南引种过一种叫"黄果"的橙树。十五六世纪的时候，甜橙在欧洲是一种进口的珍贵水果，只有少数人才消费得起。到十八九世纪，英、法、德等国又从中国直接引进柑橘良种，称为"满洲柑橘"，因为口味甘甜迅速传播到欧洲各地。

1493 年，哥伦布曾在中南美洲的伊斯帕尼奥拉岛建立了橙子种植园。另一位西班牙探险家庞塞·德·莱昂（Ponce de León）于 1513 年驶向佛罗里达的时候就带着橙子，据说可以预防缺乏维生素 C 所引起的坏血病。美国人和欧洲人很快杂交培育出各种不同品种的大甜橙，18 世纪以后，在巴西、美国等地广泛种植，如今巴西的橙子出产几乎占世界总产量的一半。其中著名的脐橙（*Citrus sinensis Osbeck*）是一家巴西修道院在 1820 年培育出的杂交品种，其副果在果皮上形成类似肚脐的疤痕。由于无法产籽，200多年来只能用插枝、嫁接的方法种植，现在美洲、澳洲等地广泛种植。

19世纪美国西部出现淘金热的时候，柑橘类水果也因为消费量增加而发展壮大，从西部源源不断运送到东部的纽约等城市出售，那时候多数人种植的都是酸橙和柠檬。橙子之所以流行，一大原因在于它那厚厚的外果皮可以保护它，有利于长途运输和保存，大大延长了它在市场上陈列的时间。

橙汁的流行是美国饮料产业商业推动的成果，20世纪20年代加利福尼亚的果园主发现他们出产的众多橙子无法全部当作水果消化，于是有公司压榨橙子制成果汁出售，并大肆宣扬它的种种健康功效，流行开来后，成为了美国人早餐的常用饮料。"二战"后这种生活方式又影响到欧洲等地，面包、橙汁、果酱成为许多人早餐的标准配置，并出现了可以方便保存添加的"橙子粉"。

在中国，1986年以后，中央电视台经常播放TANG果珍的广告，正在发射的航天飞机和流动的鲜美"橙汁"接连出现，提示我们这两者都是最先进的时代潮流，那时候还流传说这是美国专门为宇航员生产的神奇饮品。实际上，这是美国卡夫食品公司1957年推出的速溶固体饮料品牌，这种饮料用白砂糖、橙味食用香料等调制而成，其实并不含有橙子果汁。因为轻便好带，美国宇航局曾经采购过一批供宇航员饮用，但并不是专门为美国载人航天项目开发的饮品。

20世纪80年代，果珍在中国内地大打广告的时候，美国又开始流行纯天

橙汁推广广告　20世纪　佛罗里达橙子商业组织

然果汁。食品商、种植园主成功塑造了从原汁原味的水果鲜榨出的果汁的天然、健康的商品形象，这既促成了它的成功，也让它在面对 21 世纪初肆虐的黄龙病（citrus greening）——这种细菌随着飞虫传播，受感染的橙子树只能结出半绿的酸涩果实——的时候面临两难：生物学家提出可以用另一个不同物种的基因来改变橙树的 DNA，从而抵抗病菌，但种植园主们担心打上"转基因生物"标签会影响橙汁的"纯天然"品牌形象和销量。

最近 10 多年来，个头大、或黄或红的橙子已经把我小时候常见的那种乒乓球大小的土产橘子挤到货摊边上，甚至取代了苹果曾经的地位，成为今天都市人最常见的水果，它鲜亮丰满的形象也成为许多美好事物的象征。也许最重要的原因在于橙子种植、橙汁产业的商业化最为成熟，得到的推广力度也最大，人们接受了关于它的种种"好处"的信息。

各种甜橙、酸橙、柠檬和橘子除了可以直接吃，也是饮料行业的主要原料，但是少有人知的是，从柑橘类水果的果皮、花朵等提取的香精也是香水工业的重要配料和新型的食品香精，越来越多的乳制品、糕饼乃至咖啡中会添加这类香精，有些酒品中也会添加葡萄柚、血橙、无核小蜜橘等的成分提升口感和香味，酸橙味薯片、橙子味饼干也在很多超市中可以见到，它们或使用从天然柑橘类果实中提取的香精，或者是人工合成的。

柠檬：文艺气质黄

我在印度旅行时，曾学本地人用右手抓取食物吃，用餐后侍者端来一碗水，里面漂着味道清新的柠檬片和用于装饰的花瓣。我初以为是用来喝的，幸亏端起来后瞅了瞅边上，看他们是把右手伸到里面轻搓清洗才知道这是洗手用的，总算是没闹出笑话，饭馆老板则在远处正看着我，报以神秘的微笑。

说起来我在印度喝了不少柠檬汁。新鲜的柠檬果含 5% 的柠檬酸，比橘子、橙子等同类水果高出十几倍，很少有人能当水果吃下去，总要掺点水才能喝，要么就是当调料用。印度人喜欢在炒饭、煮菜里会浇点柠檬汁调味，烤、炸的食物，也常配几片柠檬供客人挤汁。

柠檬树是柑橘类植物中最不耐寒的种类之一，所以主产区都在热带及亚热带地区。我在印度南部的喀拉拉邦参观过当地的柠檬树。像芸香科柑橘属的大部分植物一样，柠檬树开小小的花朵，多数是白色带紫，略有香味的，结成的果实类似鸡蛋大小，长得很密实，不像橘子、橙子那样容易剥皮、分开。这种树的生命力很强，一年要抽三五次新梢，结七八次果实，一棵树一年能收获上千个果实。多数柠檬还没成熟就被采收下来，这样保存的时间更长、味道更持久。

柠檬　手绘图谱　F.E. 克勒（F.E.Köhler）　1890 年

如今，中国南北都市的咖啡馆中常能见到有淡淡酸味的柠檬冷饮或者柠檬茶，淡黄色的柠檬果在电视广告上也有某种文艺气质。在超市中也能随便买到柠檬用来调鸡尾酒或者烹饪南欧、东南亚风格的菜品时挤汁调味，这是最近的洋派做法，而在 20 世纪之前，柠檬（Citrus limon）对大部分北方人来说还是未知事物。

最早提到柠檬的是北宋初年的地理著作《太平寰宇记》，里面提到宋太祖开宝四年（971 年）攻灭南汉后，广西东部贺州曾进贡土产"黎母汁"二瓶。之后大名人苏东坡在《东坡志林·黎檬子》中提到一件趣事，当年有个姓黎的朋友言语行为显得木讷迟缓，刘贡父给他起了个外号"黎蒙子"，后来这二人骑马外出，在开封街头听到有人叫卖"黎檬子"，两人笑得几乎落马[1]，后来苏轼被贬官到海南，居所附近就有许多柠檬树，他大概也用柠檬汁调过味吧。

---

[1]　李之亮. 苏轼文集编年笺注 [M]. 成都：巴蜀书社，2011：176.

南宋时范成大的《桂海虞衡志》、周去非的《岭外代答》对这种水果有了更详细的记录，"黎檬子，如大梅，复似小橘，味极酸。或云自南蕃来，番禺人多不用醯，专以此物调羹，其酸可知。又以蜜煎盐渍，暴乾收食之。"① 古人称呼柠檬使用的"黎母""黎檬""里木"等都是从其中东名称"limun"音译而来，虽然这种树在中国的西南也有野生树种，但是华南种植的栽培柠檬树应该是宋代之前从东南亚、南亚地区传入的。

10 世纪的时候，阿拉伯和波斯流行在炎热的夏季喝用各种水果调制的清凉饮料"Sharāb"，还认为这种饮料有治病、补益的作用。蒙古人崛起后，一路向中亚、西亚进军，也喜欢上了这种饮品，它们被音译作"舍利别""舍儿别""沙剌必""摄里白"等名称，也可以意译为"解渴水""渴水"。据说成吉思汗攻占撒麻耳干城后，四子拖雷生病，城中的聂思脱里教徒撒必用"舍利别"治好了拖雷的病，受到成吉思汗的奖赏，从此这种饮品也就格外受蒙古贵族重视。撒必被成吉思汗封为官员，专职负责制作舍利别。

后来，撒必的外孙马薛里吉思也精于此术，在云南、浙江、福建任职期间都曾督造"舍利别"进贡皇帝。元代《至顺镇江志》卷六提到他曾在镇江向皇帝进贡"蒲萄（葡萄）、木瓜、香橙等物煎造"舍利别 40 瓶，估计就是水果熬制的稠酱，这种稠酱也叫作"煎"，本身既可以当食物、调味品或者药品吃，也可以加水调制成饮料。忽思慧记录元代宫廷饮食的《饮膳正要》中提及当时皇宫食用的"煎"有木瓜煎、香圆煎、株子煎、紫苏煎、金橘煎、樱桃煎、桃煎、小石榴煎以及"五味子舍儿别"等。

元代《居家必用事类全集》"渴水"条记载，当时人喝的果子露有御方渴水、林檎渴水、杨梅渴水、木瓜渴水、五味渴水、葡萄渴水、香糖渴水、造清凉饮等好几种，做法大同小异，都是把新鲜水果捣碎后滤去残渣，把汁水用小火慢慢熬煮成浓稠的酱汁状，然后装入干净瓷瓶中保存，以便随时取用。这个过程中要避免果汁接触铜铁器具，否则容易变质腐败。喝的时候加水以及熟蜜（也可能是熬制的蔗糖）、檀香末、龙脑、麝香等研成的末饮用，冰镇以后更为可口。元代名

---

① 杨武泉.岭外代答校注 [M].北京：中华书局，1999：308-309.

医朱丹溪在《局方发挥》中提到这种果子露的特色是"香辛甘酸"，可见其中一些就是柠檬所制或者在里面加入柠檬调味。

蒙元权贵用的柠檬则来自广州。元初的广州方志《南海志》记载，广州附近曾有御果园栽种了 800 株柠檬树用于进贡。曾在礼部任职的文人吴莱在《岭南宜蒙子解渴水歌》中记述广州有专门的柠檬（当时叫宜蒙）种植园负责夏天采摘柠檬，后制作成果露再进呈给北京的皇帝。可惜蒙古人败退后，广州的那些柠檬树不知道毁于哪个朝代。可能附近地区也有零散的引种和使用，如福建一些客家人村落中分布有老柠檬树，他们喜欢把果实盐渍保存，在暑热的时候捣碎一个，打来井水拌匀了当饮料来喝。

中国人再次接触到柠檬要等到 19 世纪末。英国等地的商人、外交官把喝柠檬水的风尚带入香港等地，如 1875 年《万国公报》第 363 期记述香港夏天沿街叫卖柠檬水的摊贩"动以百计"。20 世纪 20 年代，四川安岳县曾从美国引进高产的柠檬品种尤力克进行商业化种植，到现在还是中国著名的产地。当时消费者主要是大城市的洋人和洋派人物，他们如同美国人那样喝柠檬水。20 世纪 90 年代，随着中国城市经济的发展和生活方式的变化，柠檬才逐渐走入大中城市普通人家，华南、西南纷纷开始商业化种植柠檬及酸橙，到 2008 年，中国已经超过印度成为世界上柠檬和酸橙产量最多的国家。

柠檬树原产地是印度、东南亚和喜马拉雅山南麓东部地区（包括中国西南），是酸橙和香橼杂交出来的，当地丛林中的部落很早就拿它作为香料，印度、巴基斯坦都有传统的柠檬水饮料。

7 世纪后，阿拉伯商人往来各地做生意，把这种植物从印度带到中东种植；10 世纪左右成为了阿拉伯人的主要香料，地中海沿岸的阿拉伯园林中也被作为观赏植物广泛栽种；12 世纪，阿拉伯人把酸橙、青柠檬等传入西西里岛和西班牙南部，当时他们常喝的饮料就是柠檬汁或者加入蔗糖调味的煎柠檬汁；15 世纪十字军东征时，把巴勒斯坦的柠檬种子带到意大利城邦热那亚大量种植，经意大利传到西欧。此时西班牙、葡萄牙、意大利的柑橘类水果常出口到欧洲北部，当地人尝试用柠檬给食物带来酸味，尤其是在炖肉的时候爱用柠檬和酸橙。之前欧洲北部人使用的酸味调料是山楂、酸浆草、青涩的醋栗、水果醋之类。

18 世纪时比柠檬个头更小、味道更酸的甜青柠（Citrus limetta）和酸橙（Citrus aurantium）在意大利南部杂交出一种味道特别的香柠檬橘（Citrus bergamia），主要产在意大利南部的卡拉布里亚（Calabria），从它的果皮上提取的精油现在常用在香水中。

在意大利，西西里的柠檬一向享受盛名，许多西西里出身的作家、导演常常提及它，如皮兰德娄写过小说《西西里柠檬》。在吉赛贝·托纳多雷（Giuseppe Tornatore）导演的电影《西西里的美丽传说》中，女主角沐浴时就用切开的柠檬擦拭身体。

1493 年，哥伦布把柠檬带到美洲种植。柠檬在西属美洲曾作为观赏植物和药用植物广泛种植。从那以后，频繁的海上贸易让海员的数量大大膨胀，当时人视作瘟神似的坏血病就肆虐起来。现代科学家都知道人体本身无法合成维持正常生理发育必须的足够维生素 C，必须从饮食中直接补充，如黑醋栗、柳橙、柠檬等都富含维生素，但是当时的人对此一无所知。

16 世纪，从欧洲起航之后，一切顺利的话，至少需要 90 天才能到达印度洋或者太平洋的沿岸城市，中途没有任何停靠的港口，即便路程较短的横渡大西洋的欧洲—北美洲航线也常常超过坏血病发病期。船员们吃的食物太单一，缺少足够的维生素，这样，细胞之间的间质——胶状物就会变少，细胞组织会变脆，失去抵抗外力的正常生理机能，容易出现坏血症。人们会逐渐出现腿部浮肿发炎、肌腱收缩、口腔牙龈感染等症状，症状持续 90 天以上的病人甚至会死亡，如达·伽马首次航行印度时，沿途死亡的 100 名船员中多数可能都是因为坏血病而死。据说在 1593 年，英国死于坏血病的海员多达 10 000 人，西班牙、葡萄牙等国的水手则有 80% 死于坏血病。

面对坏血病的威胁，探险家、海员们自己摸索土方法来治病，比如学印第安人喝松叶浸泡的水、吃东亚的腌泡菜、美洲的野生萝卜等。船员们发现沿途一登陆就尽量吃新鲜食物可以治疗坏血病，尤其是柠檬、柑橘之类的水果效果更好。1592 年，天主教士兼药剂师法芳（Agust Farf）建议用半个柠檬和半个酸橙混合

喝柠檬水　格拉尔·德·特鲍赫（Gerard Ter Borch）　17世纪

巴黎街头的柠檬水小贩　18世纪漫画

的果汁加上烧过的明矾治疗坏血病[①]。可是这个建议并没有受到重视。

1740—1747年，英国海军上将乔治·安森（George Anson）率领1900多名士兵进行环球航行，途中有近1400人死亡，大多死于各种营养缺乏导致的疾病。也是在这次航行中，医生詹姆斯·林德（James Lind）用现代科学的手段来研究如何治疗坏血病，他给6组患有坏血病的船员吃不同的食物、药物，结果发现，食用柠檬、柑橘的那一组海员很快恢复健康。当时他只是觉得有效，还没有搞清楚这是因为柠檬汁里含有大量维生素C。可是此时依然无法解决柠檬、柑橘不能在船上长期保存的问题。

18世纪早期，荷兰海军发现腌渍以后可以长期保存的酸卷心菜可以预防坏血病，后来英国的船员、海军也大量储备酸卷心菜，并沿途一旦停靠海港就大量补给新鲜蔬菜、水果，特别是各种柑橘、柠檬，让坏血病发病率大大下降。到1796年，英国海军明文规定军舰上应该储备大量柠檬，水兵出海以后每人每天要饮用

---

① 菲利普·费尔南多 - 阿梅斯托，文明的口味：人类食物的历史 [M]. 韩良忆，译. 广州：新世纪出版社，2013：47-50.

定量的柠檬水,坏血病从此绝迹。

因为海员们常常随船携带柠檬,所以随着航海的进程它也得到传播。到 16 世纪,柠檬已经遍布中美洲;18 世纪的时候,传教士把柠檬带到加州大量种植;19 世纪,加州、佛罗里达州成了美国最大的柠檬产地,一度据说每两个卖出的柠檬里就有一个来自加州。现在柠檬的主要产地是印度、墨西哥、阿根廷,最大消费国主要是美国、南欧和东南亚国家。

欧洲的许多肉菜常用到柠檬汁;南欧人尤其是法国人爱用柠檬汁的香气祛除鱼鲜的腥味。法国的香水产业也常用到柠檬油,这是从柠檬果皮里压榨或用水蒸气蒸馏而得。约 1000 个柠檬可以提炼出 1 磅柠檬油,不仅用在香水里,也可当调味品,使用之后具有浓郁的柠檬鲜果皮香气。

10 世纪到 13 世纪时,埃及人喝一种发酵大麦和蜂蜜、柠檬叶等香料调制的饮料,这可以说是"柠檬水"(Lemonade)的祖宗。16 世纪的时候,冰镇柠檬水的出现还和从中国传入伊斯兰世界的火药制作技术有关。这是因为在 11 世纪的时候,伊斯兰工人在制作火药的过程中发现,把硝石(硝酸钾)放入水中可以降低水温。到 16 世纪,出现了利用这一原理冰镇饮品的技术,奥斯曼帝国统治的土耳其、阿拉伯等地的城市中,夏季都饮用各种冰冻果子露。17 世纪的时候,欧洲也流行这种夏季饮品。1676 年,巴黎出现了一家制作柠檬水的公司,主要是把柠檬汁稀释以后加入蔗糖,又酸又甜,十分可口。小贩们背着一箱箱柠檬水沿街叫卖,在当时这被视为有异国情调的新奇饮品,很快就在欧洲各地出现模仿者。

19 世纪末,意大利移民把柠檬水带入美国。美国人自制的柠檬水,通常是 1 份鲜榨柠檬汁加 3.5 倍水,再加点冰块、冰糖。这种做法普及以后,美国成为了世界上最大的柠檬消费国。当时也出现了简便的手动榨汁设备,可以让人们快捷地榨取果汁。人们也发现各种橙子、柑橘都可以榨取出比柠檬汁味道更为甜美的汁水,对它们的种植和利用在"二战"后超过了柠檬。

在超市拥挤的、五颜六色的货架上,柠檬的亮黄色常常跳脱出来。我想它的外表也是让它流行的重要原因:那饱满的色彩,光亮的外形似乎在向每一位观众许诺某种新鲜完美的生活方式。实际上,在种植园里,绝大部分柠檬果还是绿色外皮的时候就被采摘下来,工人要对采摘下来的果实进行清洗、冲刷并用乙烯氧

静物：鲑鱼、柠檬和三个陶器　路易斯·欧热尼奥·梅伦德斯（Luis Egidio Melendez）
1772 年　普拉多博物馆藏

化物去除外皮中的叶绿色，只剩下柠檬黄色的类胡萝卜素，内部的成分则不会受到影响，这样，它们一个个都变成了可喜的黄色。

芦荟

在蒸腾中致敬

    各种芦荟原料制作的化妆品常常夸张地形容芦荟的历史和它的种种功效，实际上这是一种在世界各地温带、热带常见的野生植物。超过 500 种百合科芦荟属植物原产于以南非为中心的热带地区和西亚、印度洋小岛上，它很容易栽培和野化，后来逐渐传播到世界各地的热带和亚热带地区。

    芦荟各个品种的形状差别很大，有的长得像巨大的乔木，高达 20 米，有的高度却不及手掌，其叶子和花的形状也多种多样。其中常用于食品、化妆品和医药保健品的是库拉索芦荟（*Aloe vera*）、木立芦荟（*Aloe arborescens*）等。

    库拉索芦荟又称蕃拉芦荟、中华芦荟、真芦荟，原产于非洲北部地区，现在美洲栽培最多，日本、韩国和中国台湾、海南岛也都有大面积商业化栽培，主要用于提取芦荟原汁。华南常见的中华芦荟也叫斑纹芦荟，是库拉索芦荟传入华南后适应本地地理、气候环境形成的一个变种，植株个体明显比库拉索芦荟小。木立芦荟原产地南非，因其外形像直立的树木而得名，日本近年来大量引种栽培，中国的黑龙江、吉林、辽宁等地也引入种植。

    因为芦荟会散发出甘中带苦的味道，所以古代非洲人很早就采集用作香料和药物。据说古埃及人用芦荟熏蒸死人的尸体，以此向神灵致敬。公元前 16 世纪的埃伯斯莎草纸就记载了芦荟的药效。3000 多

芦荟　手绘图谱　奥古斯丁·托达罗
（Agostino Todaro）　1889—1892 年

年前的古印度吠陀医学文献也记录芦荟可以入药，当时称为"kathalai"。

《圣经》中记录，当时西亚的部落使用芦荟、没药等有香味的香料。后世学者考证后认为，《圣经》记载的"芦荟"似乎有两种：旧约中记载的"芦荟"指的是沉香木一类的大树上取得的香料植物，这是原产南亚和东南亚的树木，有十几米高，木料有浓郁的香味，当时被视为珍贵香料，用于熏蒸；而《新约·约翰福音》第 19 章 39 节等处所说的芦荟则是今天人们所说的芦荟。

传说公元前 330 年，马其顿王国的亚历山大大帝东征，夺取了盛产芦荟的苏克拉岛后，用芦荟医治士兵的伤痛与疾病，并把芦荟传至亚洲。至少在公元前 1 世纪，芦荟作为草药已经被传到了南欧，当时的古希腊、古罗马人都对库拉索芦荟制成的药物有所记载。中世纪的时候，西亚、欧洲的草药师也常用芦荟入药。

芦荟干块在隋末唐初就传入了中国，甄权所著《药性论》记载"卢会"（芦荟）可以治小儿疳蛔、脑病、鼻痒等，"卢会"应是对其阿拉伯语名称"allcoh"的音译。唐代的《本草拾遗》《海药本草》，宋朝的《开宝本草》《图经本草》中都有芦荟的记载，亦作"讷会""奴会"。《诸蕃志》认为这是"大食奴发国"（今阿曼境内佐法尔，在古代是香料贸易集市之一）出产的草类，当地人采集起来捣碎，将芦荟汁熬干制成药膏出售[①]，因此那时中国医生用的应该是进口的黑色药块。

15 世纪后，葡萄牙的传教士将活的芦荟苗木传入日本，此后随着基督教的传播，日本各地都开始栽种芦荟。约在 15 世纪后，库拉索芦荟被传入中国的福建、台湾、广东、广西、四川、云南等地栽培，也出现了流落在外的野生化的芦荟。这些地方的人有盆栽芦荟的习俗，用于观赏或者作为药物、护发美容品，如云南南部傣族人将芦荟叫作"烫伤草"，有人不慎烫伤，亲友会上山上采来芦荟叶，把它的表皮剖开后，贴在患处。

---

① 杨博文. 诸蕃志校释 [M]. 北京：中华书局，2000：199.

没药

涂抹法老的神圣身体

"没药"在中国是一种少见而稀奇的"药",但是在西亚和欧洲,它不仅是药物,还曾是流行的香料。

西亚和东北非沙漠边缘生长着一种矮小繁茂的灌木小树——橄榄科植物没药树（*Commiphora myrrha*）,它的树枝粗硬而多刺,有的能长到两米多高,树的外皮和木质都有浓烈的香味,树干和树枝会自然地渗出辛苦且有点刺激味道的树脂。传说当地的山羊吃没药树的叶子时在胡子上沾染上了没药树脂,牧民这才发现这种香料,从此开始主动割破树皮,等流出的黄白色油状汁液干了,之后变成棕红的硬块,再从这些硬块中蒸馏可以得到纯度更高的精油香膏。这些香膏是各地权贵重金求购的珍贵之物。

没药在古代的西亚被视为圣洁之物。3500 多年前古埃及人在祭祀太阳神的时候,每天中午都会燃烧没药。埃及女王哈特谢普苏特曾经率领船队去红海海口的彭特之地（今天的厄立特里亚或索马里）探险,目的就是获取没药。在医疗上,它可以作为抗炎药或防腐,据希罗多德记载,埃及人制作木乃伊时会在死者的尸体侧腹切开一道口子取出全部内脏,清理干净以后用椰子酒和捣碎的香料冲洗腹部,然后再用捣碎的没药、桂皮等香料填充腹部,然后缝合

橄榄科没药树　手绘图谱　弗兰兹·尤金·科勒（Franz Eugen Kohler）　1890 年

肚皮。

《旧约》中也提到这种古代的奢侈品，希伯来人将没药树枝制作成各种芳香剂、防腐剂和止痛剂，也常把没药油膏涂抹在伤口上，据说可以促进伤口愈合。在《创世记》里，约瑟被他哥哥们卖给了以实玛利人。当时，以实玛利人的骆驼队正驮着香料、乳香和没药要运到埃及去。

公元前 6 世纪，希腊文献提及没药。后来，当亚历山大大帝东征时，他派人到也门海岸边考察了没药和乳香的出产情况，古希腊人知道它对伤口的愈合有不错的效果，所以有点钱的战士身上都会携带一小瓶没药上战场。罗马人征服巴勒斯坦时，把没药树的树枝带返罗马，作为征服犹太人的战利品。

在 1 世纪普林尼生活的时代，没

向太阳神雷·赫拉克提（Re-Horakhty）献祭　石碑彩绘　第 20 王朝　约公元前 1100 年　卢浮宫

文艺复兴时期很多绘画描绘《圣经》中的东部三个国王（或称"东方三博士"）来到伯利恒向出生的基督表示敬意的故事，画家描绘他们献上乳香、没药等香料和黄金的场景。

药的价格和黑胡椒差不多，是当时比较常见的香料，人们常常在香料酒中添加没药、肉桂、番红花等。同一时期的作家普鲁塔克（Plutarch）提到，当时的人喜欢有没药散发香味的氛围下共度春宵。直到中世纪这仍然是重要的香料，拜占庭诗人记载查士丁尼皇帝逝世后，人们以香精、没药、蜂蜜涂抹他的尸体。

没药可能在南北朝时期就已经传入中国。《广志》记载"西海"（可能指地中海或印度洋地区）出产的一种叫作"兜纳"的药物，可以治病辟邪，是大秦商人带入华南地区的，这指的就是没药。《北史》中则说"没药"来自西域漕国，但现在看，漕国仅仅是进贡或者转手贸易的商人而已。"没药"是对其波斯语名称"mor"或阿拉伯语名称"murr"的翻译。

"三博士"朝圣 油画 吉罗拉莫·达·圣塔克罗克（Girolamo da Santacroc） 1525—1530 年
沃特美术馆

在中国，没药一直不太流行，仅仅是按照西亚人传来的用法当药物，比如调
入温酒中用于治疗"金刃伤和坠马伤"，也用于治疗堕胎及产后心腹痛。唐代李
珣的《海药本草》、段成式的《酉阳杂俎》等记载，没药生长在波斯国。南北朝
到唐代，波斯商人在与中国有关的香料贸易中非常活跃，唐人误以为很多香料都
产自波斯，实际上仅仅是波斯商人运销到中国而已。

南宋《诸蕃志》有了对从波斯传入的没药的详细介绍，说"没药出大食麻啰
抹国（今阿拉伯半岛穆尔巴特）。其树高大，如中国之松，皮厚一二寸，采时先
据树下为坎，用斧伐其皮，脂溢于坎中，旬余方取之。"[1] 这和当今的采收方式差
不多。

---

① 杨博文.诸蕃志校释 [M].北京：中华书局，2000：165.

乳香

神庙中的氤氲

我在西班牙旅行期间，见识过圣地亚哥的天主教会举行法事，在 7 月 25 日的弥撒中点燃高 160 厘米、重 80 千克的镀银大香炉中的乳香制造氛围，等弥撒结束后才熄灭。据说这是 14 世纪以来的习俗，那时候有许多长途跋涉前来朝圣的信徒拥挤在教堂中参加祈祷仪式，为了掩盖人们的臭汗味，也为了保持信徒的专注，教士们就点燃乳香释放出氤氲的香雾——这是现代人的功利化解释，实际上三四千年前西亚的部落已经在神庙中熏燃乳香，用它甘美的香气取悦神灵了。乳香首先是礼敬神的祭品。

橄榄科乳香属植物乳香树（*Boswellia serrata*）主要产于西亚和东非。树皮被割开后渗出犹如乳汁一样的淡黄色、淡绿色树脂，含有挥发油，所以有香味，接触空气后变硬，成为黄色微红的半透明凝块。后来人们就有意栽培这种树，用其树脂作为原料来制造香料、炷香、医药品和用来抹涂尸体的防腐香油。乳香树胶可以用于咀嚼、制药，还能经过蒸汽蒸馏法过滤后取得极为珍贵的精油。

乳香主要产地是也门、索马里、阿曼的佐法尔和哈德拉毛地区，古代的集散中心是以示巴王

乳香树　手绘图谱　弗兰兹·尤金·科勒（Franz Eugen Kohler）　1890 年

国为中心的也门地区。亚历山大东征时，曾派人到示巴地区考察乳香和没药的产地，发现这是从树木上割取的树脂，当地人收获以后会送到神殿中，一堆堆按照重量摆好，外地商人则留下金钱拿走香料。金钱的 1/3 被祭司留下，其余 2/3 会被香料主人取走。公元前 2 世纪，埃及托勒密王朝的地理学家阿加塔尔齐德斯（Agatharchides）记载，示巴人所在的地方因为出产香料和做香料贸易而著称，"香味弥漫整个国家"①，他们的内地有广阔的森林出产乳香和没药，而在海岸上，他

所罗门王和示巴女王会面　油画　康拉德·维茨（Konrad Witz）　1434 年　巴塞尔博物馆

---

① 安德鲁·达尔比.危险的味道：香料的历史 [M].李蔚虹，赵凤军，姜竹清，译.天津：百花文艺出版社，2004：181、43.

们用小船在埃塞俄比亚到沙特阿拉伯之间运输香料等货物。

阿曼的佐法尔地区是乳香的著名产地，乳香在古代被分成四个等级，最上等的称为霍杰伊（Hojari），其次为沙赫里（Shehri）、萨姆哈里（Samhali）、拉斯米（Rasmi）。上等的乳香常常出口到远方，而一般品质的熏香则会混合其他树脂、香木、鲜花粉末、芳香油、磨碎的

"三博士"朝圣　壁毯　爱德华·伯恩·琼斯（Edward Burne Jones）、威廉·莫里斯（William Morris）、约翰·亨利·戴勒（John Henry Dearle）　1894 年　曼彻斯特都市大学

这件英国新艺术运动时期的壁毯，主题是《圣经》中记载的东部三个国王（或称"东方三博士"）来到伯利恒向初生的基督表示敬意的传说，描绘他们向耶稣母子献上乳香、没药等香料和黄金的场景。

贝壳和其他香料手工混调制成小块或木屑状的香砖"bakhoor"，可以在小香炉中燃烧释放出香味。传统的阿拉伯人家习惯每天在中餐和晚餐以后燃香，使家里始终充满氤氲的香气。

古代的骆驼商队驮着乳香、没药等，穿过阿拉伯半岛的最南端，中转商人将其卖到美索不达米亚、埃及、罗马、波斯和远东地区。巴比伦神殿中的祭坛上燃烧的就是乳香，3500 多年前，古埃及女法老哈特谢普苏特、以色列所罗门王都曾追求这种奢侈香料。乳香是犹太教圣殿中所燃的香料之一，人们也用乳香奉献神庙、制造化妆品、治疗痛风等。传说示巴女王曾带着大量香料、黄金、宝石拜访所罗门。这应该是一次政治结盟和商品贸易活动。

古埃及的神庙大量焚烧乳香祭祀神灵。法老拉美西斯三世（Rameses Ⅲ 公元前 1180—公元前 1150 年）时期，在供奉生命之神阿蒙的神庙中一年要焚烧乳香2000 罐以上，埃及法老的墓穴中也常常出土乳香。从公元前 8 世纪起，亚述国王也经常从今天阿拉伯地区的一些部落国家中获得乳香、没药等香料贡品，其中

一个国家就是"示巴"（Saba）。

地中海西岸的民族在 3000 多年前就以高价向中间商腓尼基人购买乳香，用于宗教仪式、美容和涂抹身体。希腊人用乳香络葡萄酿制的酒调味，称为乳香酒（mastiche）。古罗马的祭司和希腊人一样，曾大量使用乳香在神庙中制造异香缭绕的神秘气氛，贵族遗体也常常伴随着乳香、肉桂的气味被火葬。后来，当罗马击败了腓尼基，掌控了地中海，他们开辟的非洲商贸路线上最重要的商品之一就是乳香。

早期基督教也常常在各种仪式中使用乳香制造氤氲氛围，人们火葬的时候更是要点燃乳香进行祝福。但是 400 年，罗马皇帝君士坦丁下令禁止火葬之后，乳香市场在基督教国家几乎消失了，但此后乳香仍然通过红海向拜占廷、中国输出。

乳香贸易也受到气候、交通和政治形势的影响，6 世纪，也门马里卜大坝崩溃之后，阿拉伯半岛的荒漠化更为严重，鲁卜哈利沙漠中的众多绿洲消失，商队的马车穿越沙漠地区难度增加，再加上近东的帕提亚帝国内游牧民族经常抢夺商旅，也门经阿曼至近东的"乳香之路"大为衰落。

在中国，汉武帝时候乳香已经传入华南，当时叫作"薰力"或"薰陆"，是对乳香贸易中心席赫尔（Shihru）名称的音译[①]。从敦煌汉代悬泉置遗址、江苏连云港尹湾村汉墓都曾发现关于薰陆的记载，可以证明它曾是军队装备的"止痛长肉"的药物[②]。1983 年，考古学家在广州第二代南越王赵眜的墓葬中发现，有个小圆漆盒中保存有 20 多克乳香，还出土了图形精美的高座足方形铜熏炉 11 件，证明这时候南越地区已经流行乳香这类远方传入的树脂类香料，用熏炉焚烧各类香料已经是当地权贵阶层的风尚。

唐宋时代，"海上丝绸之路"上的重要贸易品就包括乳香，它是重要的药物、熏衣和制作口脂的香料。《宋史·陈氏世家》记载，10 世纪后期，在泉州做生意的商人陈洪曾向宋太祖"进贡"乳香上万斤、龙脑香 5 斤。割据浙江的吴越王钱俶家族也多次向北宋朝廷进贡大量香料，如乾德元年进贡香药 150 000 斤、乳香 20 000 斤，宋太宗即位时又进贡香药万斤、干姜 50 000 斤。

---

① 温翠芳. 唐代外来香药研究 [M]. 重庆：重庆出版社，2007：203-204.
② 张显成. 西汉遗址发掘所见"薰毒""薰力"考释 [J]. 中华医史杂志，2001（4）：207-209.

宋真宗、宋徽宗因为信奉道教，宗教仪式中大量焚烧乳香，有时一天的使用量就达到 120 斤。高官富户也常常在生活和礼拜寺观时使用乳香，如北宋人贺铸曾在《壬申上元有怀金陵旧游》中回忆，在南京游历见到女子焚烧乳香拜佛的场景：

瓦官大庭千步方，灯如流萤月如霜。

高僧共礼旃檀像，游女来焚薰陆香。

旧国破亡何物在，少年逐乐个侬狂。

别来白社更牢落，回首衡湘春梦长。

11 世纪以后，中国每年进口数十吨以至上百吨乳香。当时政府在广州设市舶司，对香料贸易收税，是仅次于茶、盐、矾的重要收入来源。许多商人都以香料抵税，所以宋朝廷一度拥有巨大的香料储备，如《宋史·张运列传》记载，南宋初年为了筹措军饷与金兵作战，朝廷卖掉户部库房收藏的三佛齐国所贡"乳香九万一千五百斤，直可百二十余万缗"。

明代郑和下西洋时候，随从的翻译官马欢在《瀛涯胜览》中记录他在东非海岸的祖法尔亲眼看见那里出产乳香，是一种长得像榆树的树木分泌的树脂，还记录了郑和下西洋时双方交易的场景："中国宝船到彼，开读赏赐毕，其王差头目遍谕国人，皆将乳香、血竭、芦荟、没药、安息香、苏合油、木别子之类，来换易纻丝、瓷器等物。"

现今乳香的用处已经很少，大多是药用，在阿拉伯地区有些地方会用乳香作为肉汤、菜肴和布丁的调味品。

檀香

从香料到木材

　　紫檀木家具在中国以昂贵著称，商人们从世界各地寻找近似的木料进口制作各种家具，以致让许多地方的这类树木濒临绝迹。这似乎可以追溯到 200 年前清朝人对紫檀木的追捧，当时就曾让东南亚和西太平洋的好几种树木遭遇灭顶之灾。

　　在紫檀木流行之前，中国人更重视的是作为香料的"檀香"。东汉末年崔豹所著《古今注》首次提及扶南（今柬埔寨）、林邑（今越南南部）出产"紫㭴木"，又名"紫檀"。之后，升平元年（357 年）扶南国国王"竺㭴檀"曾向晋穆帝进献大象，这位国王的名称是对檀香梵语名称"tchandana"的音译，估计是以檀香为号。南北朝时扶南国还曾向宋文帝进献"白㭴檀"六段和鹦鹉。《梁书》中也记载南海之盘盘国（湄南江下流今泰国南部）曾向梁武帝进献沉香、檀香等数十种香料。

　　檀香科檀香属约有 20 种植物，不少都能散发香气，分布在印度尼西亚、印度、澳大利亚及太平洋的一些群岛。因为古书对"紫檀""㭴檀""白㭴檀"的记载大多语焉不详，后世学者对它们分别指那种植物多有争论。

　　一般认为古书中的"㭴檀"作为香料，自然因为气味突出，应该是檀香科檀香属的常绿乔木檀香（*Santalum album*），又名真檀、白檀。这是一种原产印度尼西亚、印度的半寄生性的植物，在幼苗期能单独生长，稍稍长大之后根部会长出直径 3～15 厘米的吸盘，寄生在各种树根上。这是一种半寄生植物，单叶对生，开棕红色的钟形花朵，它的根部可以从其他树种的根部吸收养分，帮助自己生长，最高可以长到十几米。其树干的外围是白色，所以也叫作白檀，但树心晒干后与根都是黄褐色，有强烈的香味，被叫作"黄檀"。它的木质密致有香味，常作为雕刻或制成佛具；根部如果研磨成粉末，则可以做香，就是㭴檀香，或称檀香，也可制成香油，称为檀油。

古印度人早在两三千年前就常用各种香料进献神灵或者制成膏油涂身以便除臭驱邪，以期获得神灵保佑。2500 年前的印度史诗《摩诃婆罗多》《罗摩衍那》中就出现了檀香的记载，上古的印度神话中的神灵常常身上涂着檀香膏、寺庙中会洒檀香水。印度喀拉拉邦和泰米尔纳德邦之间的西格兹山脉因为出产多种香料而被称为"檀香之山"，当地可能很早之前就人工栽培旃檀树了。东晋僧人法显到斯里兰卡求学时看到当地人用檀香木、沉香木和其他香木火化高僧的尸体。唐僧玄奘在《大唐西域记》卷十记载，他在印度看到摩腊婆国用赤旃檀雕刻的大自在、天婆薮、天那罗、延天佛、世尊等神像，唐僧回国时还曾带回"刻檀佛像一躯"。

旃檀等在中国的传播和佛教有密切的关系。佛祖释迦牟尼逝世后，中印度国王让人用旃檀木雕刻佛像供奉，开启了佛教造像的历史。此后，印度、东南亚、西域的佛教徒常常用檀香给佛教人物造像。《高僧传》记载，东汉明帝曾派蔡愔等出使西域，带回释迦佛画像，相传即为优填王旃檀像师之第四幅作品，明帝命画工图写，安置于清凉台及显节陵上。西晋人何敬叔曾用檀木雕刻佛像，南齐的文惠皇太子也曾请人制作檀木佛像。

扶南国王曾经先后向齐武帝、梁武帝进献白檀佛像和旃檀佛像。以虔信佛教著称的梁武帝曾在天监元年（502 年）派遣郝骞、谢文华等 80 人到印度舍卫国求取佛像，又在天监十年（511 年）率领群臣迎接中天竺进献的檀木释迦牟尼像，供奉在太极

黄檀　手绘图谱　弗兰兹·尤金·科勒（Franz Eugen Kohler）　1890 年

紫檀　手绘图谱　佛朗西斯科·曼纽尔·布兰科
（Francisco Manuel Blanco）　1875 年

殿。后来，梁元帝于荆州城北造大明寺安置此像。隋文帝时有人仿制此像置于长安兴善寺，后于唐总章年间被烧毁。

檀香木材磨碎制成的香料在古代印度教常用于沐浴、焚烧等宗教仪式和充作治疗烫伤的药物。玄奘在《大唐西域记》卷十"秣罗矩吒国"条中记载了关于白檀树的有趣传说。他说此国南部海岸的"秣刺耶山"中生长白檀香树，但又有旃檀等类似的树木，无法分辨。当地人就在盛夏时登高观察，有大蛇萦绕的树木必然是白檀木，因为白檀木性凉冷，蛇类喜欢盘踞其上。于是人们就把箭射在树身上作为记号，等到冬季大蛇蛰藏之后再来伐木。

　　檀香进入中国开始主要是用于礼佛薰燃和做药治病，唐代佛教兴盛加上宫廷贵族使用，进口规模颇大，广泛用于雕刻佛像佛塔、楼阁装饰、制作乐器棋盘以及美容化妆。很可能是因为印度尼西亚、印度南部等地出产的檀香木供不应求，中外商人就把相似的豆科紫檀属植物紫檀（*Pterocarpus indicus*）等近似木材大量进口应用，兴起用紫檀制作书画卷轴乃至家具部件，如《旧唐书》载唐玄宗时集贤馆部分藏书、藏画使用了紫檀轴、白檀身等，很多琵琶也用紫檀制作部件，所以张籍才会在《宫词》中如此形容宫廷乐器：

　　　　黄金捍拨紫檀槽，弦索初张调更高。

　　　　尽理昨来新上曲，内官帘外送樱桃。

从现代植物分类学的角度看，紫檀与檀香差别很大，后者都是檀香科檀香属的植物，香气浓烈，而紫檀是豆科紫檀属植物，复叶互生，开黄色的蝶形花朵，木料是深紫色，只是略有味道而已。近代以来，云南、海南、广东等地引种了紫檀，但是因为生长缓慢，并没有大规模商业化种植。

唐宋时候，中国人主要是从印度尼西亚、印度进口檀香、紫檀。到了明清，皇帝和权贵富豪大量使用紫檀制造家具，导致东南亚的檀香紫檀树木紧缺。18世纪后，欧洲商人把澳大利亚原产的大果澳洲檀香、大花澳洲檀香，夏威夷原产的滨海夏威夷檀香、斐济檀香等砍伐卖向中国。夏威夷岛因为盛产檀香木，被华侨称为"檀香山"。18世纪末19世纪初，中外商人把那里的檀香木砍伐一空，都运到中国做家具了。20世纪90年代中国兴起红木家具热后，中外商人几乎把东南亚、南亚、非洲、南美各种类似木材都发掘出来，大量进口，做成家具出售，名字也是各种"檀""花梨""翅"等和古代著名木材贴近的名字。

在欧洲，作为香料的檀香和作为木料的紫檀都不受重视。中世纪的时候偶有人提及远方的人们如何珍视檀香木，直到16世纪才有极少的檀香传入欧洲，在欧洲也没有多少应用和影响，倒是近代的香水工业带动了它的发展。从产于印度和印度尼西亚的檀香木屑和枝条中间提取黄色的檀香油，用于制作香水，它的特点是留香非常持久，可作为高级香水的基础原料之一。

玉兰花形犀脚杯及紫檀座　紫檀家具　紫檀长沙发　家具　劳伦斯·阿尔玛-塔德玛
14.6厘米×16.8厘米×27.9厘米　清代　（Lawrence Alma-Tadema）设计　1880—1900年
18世纪　纽约大都会博物馆

白赫兰五世（Bahrâm V Gûr）拜访檀木宫中的阿拉伯王子　细密画　1301年　沃特斯美术馆

　　白赫兰五世是5世纪时波斯萨珊王朝（Sassanid Empire）的国王，后来波斯流传着许多关于他的英雄事迹和神奇传说，这张画描述他拜会阿拉伯王子，后者用檀香木修建了一座宫殿。

沉香

博山炉暖玉楼春

隋炀帝大约是中国历史上最奢侈的香料爱好者：唐代的《纪闻》说他下令洛阳皇宫中的每个大殿前都要在除夕之夜架设沉香木堆，整夜点火焚烧，如果火光暗淡的话还会添加另一种香料"甲煎"，让火焰冒出好几丈高。这一晚上要烧掉沉香木 200 多车、甲煎 200 石，它们散发的香味整个洛阳城都能闻得到。

隋炀帝能如此奢侈是因为他派军队征服了今天越南中南部以出产沉香著称的林邑国，缴获了 100 多万斤檀香、象牙、沉香等，带回洛阳的沉香就有 2000 余斤。之后林邑成为隋唐的属国，常常向隋唐皇帝进贡沉香之类的香料。

瑞香科沉香属约有 15 种树木，如马来沉香树（*Aquilaria malaccensis*）、印度沉香树（*Aquilaria agallocha*）、白木香（又名牙香树、蜜香树、莞香树、土沉香、女儿香及白木香，*Aquilaria sinensis*）等遭受内部病变或虫咬、雷击、砍伤等外部侵蚀时都能分泌出油脂，古代称为"沉香"，又称"木蜜""密香""牙香"。一般来说，凝聚的树脂越多则沉香的密度越大，质量越好，所以古人常以能否沉水将沉香分级，入水则沉者名为"沉水"香；半浮半沉者名为"栈香"（也称"笺香""弄水香"），稍稍入水而漂于水面的名为"黄熟香"。虽然树脂有味，可这些树木的木材本身并没有特殊的香味，而且木质较为松软，并不算优良的建筑材料。

先秦时期，中原地区使用的主要是本地和附近地区出产的香草，如佩兰、花椒、芷等植物。汉武帝击溃匈奴，统一西南、华南后，西域、南海的香料逐渐传入中原，其中沉香至少在东汉已为人所知。东汉时，广东南海人（今广州）杨孚所著《异物志》提及的"木蜜香""蜜香"就是指不同的沉香木①。西晋灭吴后沉香木曾大量从华南传入中原的洛阳，高官富豪石崇为了炫富，曾在厕所内用沉香

---

① 温翠芳. 中古中国外来香药研究 [M]. 北京：科学出版社，2016：36.

Tab. X.

马来沉香树　手绘插图印刷　乔治·艾伯赫·郎弗安斯（Georg Eberhard Rumphius）　1741 年

汁压抑臭味，还有两个奴婢手持熏香香具给厕所熏香。汉魏之间的《古诗为焦仲卿妻作》提到当时有"红罗复斗帐，四角垂香囊"的风气，这时的"香囊"可能指悬挂在卧室里散发香味的金属香球。

南朝梁武帝时期，今泰国华欣一代的盘盘国曾到建康进贡沉香、檀香等数十种香料，梁武帝首先使用外来的沉香祭天，这和他信仰佛教的背景有关，把烧香礼佛的方法移用到祭天仪式中①。这时候沉香主要作为建筑装饰、熏燃香料和药材用。如南陈最后一位皇帝陈后主给爱妃张丽华修建的三座数丈高的阁楼，窗户、门楣、栏杆之类都是沉香木、檀香木做的，刮风的时候可以香闻数里。贵妇人熏燃也常使用沉香，如北齐时的歌谣《杨叛儿》中所言"欢作沉水香，侬作博山炉"。也有人用沉香和其他香料、药物配合制作丸状的"合香"或丸药。

隋唐时期，东南亚输入长安、洛阳的沉香数量颇多，是当时最为主要的香料，人们已经意识到沉香的来源、品种的差异。当时除了林邑（越南南部）、扶南（柬埔寨）、日南（越南北部）等地的沉香大量进入中原，海南也把当地产的白木香作为进贡的土产。

皇帝和其他权贵除了像隋炀帝那样用沉香祭祀和居室熏香，还用于建筑装饰。隋炀帝时的权臣杨素曾令人用沉香汁涂抹屋梁。女皇武则天的侄子宗楚客的宅院则以文柏木做屋梁，以沉香和红粉涂抹墙壁，整个宅院香气四溢，让同样讲求奢侈的太平公主参观以后也自叹不如。

诗人李白在陪唐玄宗、杨贵妃在兴庆宫中"沉香亭"亭北赏花时，写下了"名花倾国两相欢，长得君王带笑看"的名诗，那个亭子或许就有沉香木部件。唐玄宗还曾在骊山举行的军事表演仪式上身穿戎装、手提沉香大枪出场，引发群众奔走围观。

民间富家女子、青楼歌姬也以"沉香帖阁柱，金缕画门楣"（李贺《相和歌辞三个辞四首》）标榜，中唐诗人元稹《白衣裳》描述了一个女子用沉香熏衣的情态：

> 藕花衫子柳花裙，多著沈香慢火熏。

① 温翠芳：唐代外来香药研究 [M]. 重庆：重庆出版社，2007：67.

闲倚屏风笑周昉，枉抛心力画朝云。

北宋时期，海上贸易繁荣，沉香与其他香药一样成了重要的进口物品，皇宫在朝会、祭祀等各种仪式和日常大量使用香料，为此宫中成立了"香药库"专门掌握香药进口、使用。上行下效，宋代士大夫、富豪都流行焚香、熏香，常常调和众香制作香饼、香丸，乃至用香料作为茶饼的配料。宋代女性也喜欢佩戴用织绣制成的香囊，装着的香珠和香饼，可以随身带来清香。

沉香是当时最流行的香料之一，很多文人学士会在夏季焚香消暑，如北宋词人周邦彦在《苏幕遮》中所言：

燎沉香，消溽暑。鸟雀呼晴，侵晓窥檐语。叶上初阳干宿雨，
水面清圆，一一风荷举。
故乡遥，何日去？家住吴门，久作长安旅。五月渔郎相忆否？
小楫轻舟，梦入芙蓉浦。

当时还出现了所谓的"蒸沉"，就是学习阿拉伯人蒸馏制作玫瑰水的方法，加入其他香精蒸馏后熏制"水沉"，调配出柚花沉、玫瑰沉、桂花沉等香水。类似的是，欧洲人也受到了阿拉伯人的启发。17 世纪，意大利出现了蒸馏酸橙花朵制作的橙花香精，可他们对沉香并没有什么兴趣。

香料贸易利润诱人，华南人从中发现了商机。11 世纪初，北宋人丁谓被流放海南岛时写下《天香传》，他发现当地的黎族人在搜罗沉香出售。之后，苏轼谪居海南时也发现"海南多荒田，俗以贸香为业"，估计是从本地产的白木香上获取树脂和中转东南亚海岛的香料。宋代苏颂撰著《图经本草》记载沉香、青桂、茅香不仅出自"海南诸国"，在交（越南北部）、广（广东）、崖州（海南）也有生产。当时真腊（柬埔寨）出产的沉香最为著名，其次是占城（越南南部），但蔡绦在《铁围山丛谈》中夸耀海南万安黎母山东峒出产的"海南沉"冠绝天下，"一片万钱"[1]，似乎当时海南个别产地的沉香也负有盛名，价格昂贵。

---

[1] 杨博文.诸蕃志校释 [M].北京：中华书局，2000：173-176.

铜珐琅香炉　高 15 厘米　清代乾隆时期 1736—1795 年　台北"故宫博物院"

　　因为唐宋时的不断消耗，海南等地的野生沉香到明代已经比较少见了，于是广东东莞等地的白香木也得到重视和开发。其实东汉末杨孚的《异物志》、南北朝时期的《南越志》中就记载了交州出产的"木蜜香"或"蜜香树"，东晋刘欣时期的《交州记》中更是提到南海诸山中的"蜜香"树是可以种植的，"五六年便有香也"，或许当时已经有商业种植。南北朝人所著的《广州记》中提到肇庆、新兴县有"木香"，南朝僧人竺法真的《登罗山疏》中也记载广东罗浮山上有"沉香"。

　　因野生树木已经被人采伐殆尽，明代天顺年间的广东《东莞志》记载当地有人用茶园的土壤种植白木香，之后附近地区的村落都开始模仿种植。这些种植香料树的田地号称"香田"，获取的树脂号称"莞香"[①]，曾风行国内和东南亚市场。当地农户、商人常把莞香经石排湾转运至广州及其他地方，后有人就称石排湾一带为"香港"，附近的村落也被叫作"香港村"。据说 1840 年英国军队在现今赤柱一带登陆，路经"香港村"时问这片土地的地名，华人向导回答叫"香港"，英军就记"HONG KONG"这个发音，当作这片租界的名字。

① 屈大均 . 广东新语 [M]. 北京：中华书局，1985：677.

香道陈设 浮世绘 窪俊满 19世纪

沉香在 2000 多年前就从印度传入西亚。据考证，公元前 5 世纪犹太人所唱的《雅歌》中提及的香料"阿萝斯"（ahaloth）可能就是指沉香。在欧洲，1 世纪的罗马帝国药剂师狄奥斯科里迪斯（Dioscorides）见过来自阿拉伯和印度的沉香，当时的人把它研碎后漱口，或调制成糊状擦在身体上，可以散发香味，也能和乳香一样点燃装饰房间，也是治疗胃病、痢疾等的药物。9 世纪的阿拉伯商人已经知道高棉（今柬埔寨）也出产一种沉香木，可是质量比不上越南南部出产的，后者可以沉进水里而前者不行。

在阿拉伯地区、印度和东南亚，沉香在古代曾是古人广泛使用的香料，印度人还从中提取出了昂贵的沉香木油，如今依然是价格极为高昂的香精。

甘松

印度来的香膏

败酱科植物匙叶甘松（*Nardostachys jatamansi*）是喜马拉雅山脉两侧中国西南部、尼泊尔和印度北部高山上广泛分布的野草。它们的根系很特殊，由一条主根上发展出两种幼茎，其中一条称为地下花茎，具有类似松节油的强烈的香辛味道，辛甜而略苦，很早就被印度人当作香料和药物，在古印度阿育吠陀传统草药学中有重要地位。

古印度人用甘松根茎粉末和油脂混合做成的香膏，早在 3000 多年前，就传播到了埃及和西亚，被视为远方来的奢侈品。犹太人的早期典籍和《旧约》中称这种香膏为"哪哒"，最上等的货装在雪花石膏匣子或者瓶子里，以价格昂贵著称，有重大的祭典或者疾病才会打开使用，比如在神庙的祭坛中燃烧献给神灵，君主、祭司即位的时候涂抹在他们的额头上，宴请贵客的时候抹在客人额头上。有些部落则作为母亲送给出嫁的女儿的赠礼，人们在结婚的时候打开雪花石匣子，让香膏流出来，让满屋子充满香味，同时新婚夫妇也用这种香膏梳头，在当时人看来，这意味着神灵将保佑和祝福新人。

古希腊人、古罗马人也把甘松当作昂贵的药材和香料，许多罗马人喜

甘松 手绘图谱 约翰·福布斯·罗伊尔（John Forbes Royle） 1839 年

欢做饭时用甘松调味。老普林尼在《博物志》中提到，古罗马时期有 12 种不同的"哪哒"，其中一些是甘松制成的，一些是薰衣草制成的，罗马人也用甘松粉末调味。1 世纪，希腊人所写的《印度洋航海手册》提到，希腊、罗马、阿拉伯的商船先停靠在今天孟买北部河口的港口卡里安（Kalliana），然后会被当地的商船引导到北部的另一个港口巴里加扎进行贸易，这里的市场上可以买到甘松、广木香、葛胶、象牙、安息香等，也可以见到来自罗马的葡萄酒和罗马钱币。在海岸线北部的另一个港口巴巴瑞斯（Barbarice，可能是今天卡拉奇附近的港口）也出售甘松、广木香、葛胶等香料。而在印度东海岸，恒河出海口加尔各答或达卡在 1 世纪以出售甘松和柴桂、珍珠、棉布著称。

中世纪的时候，欧洲曾流行一种以葡萄酒为基底，添加蜂蜜、甘松等香料的饮品"希波克拉底酒"。但 15 世纪末地理大发现后，胡椒、丁香、肉豆蔻等香料大量进入欧洲，甘松就不怎么被提起了。

在中国，《魏书》记载南北朝时以经商著称的中亚粟特人部落"康国"出产"甘香"（甘松香），实际上可能是因为康国商人把甘松转卖到北魏才让中原人有如此印象。同期，南朝的范晔在《和香方序》中也提到了甘松这种外国香料。当时人把甘松当作药物，到唐代也被人用来熏衣、美发、美容和沐浴。

有意思的是，四川松潘县在三国时代就被称为甘松，在西魏时更是被设为"甘松郡"，甘肃南部宕昌县也在北周时候（566 年）曾被设置为"甘松郡"，这都是藏人曾经控制的地区，松潘县还有一座甘松岭。或许在唐代之前，至少在南北朝时期种植、采摘、制作和使用甘松的知识就已经从印度传入了吐蕃人控制的西藏以及周边地区，藏语称甘松为"邦贝"。或许藏人曾经转卖印度、尼泊尔来的甘松香，或在当地栽培或者采集过甘松，也有可能把当地某些散发出类似松脂香味的植物树脂当作甘松出售给周边地区，所以这些地方就被中原朝廷用"甘松"命名了。

今天中国的药用甘松主要出自西南的云贵川地区，宋人已经明确记录了四川出产甘松，主要是晒干其根茎当药物，说是可以理气开郁、消肿止痛。甘松根茎及主根经过干燥、压碎、蒸馏后所得的褐色精油称为甘松油，有一些香水用它作为配料。

松脂

延年益寿的药物

相比没药、乳香、龙脑香这几种进口植物树脂，松脂是中国本地的松树上就能分泌的，它那辛苦的味道也早就被注意到了。

先秦时期集合了诸多古代地理、神话传说的《山海经》记载，西南地区的鹊山山脉的大山"招摇之山"出产肉桂、黄金、玉石等，还是一条注入"西海"的"丽麂"河的源头出产一种叫"育沛"的东西，佩戴的话可以辟邪防病。有学者推测"丽麂"就是伊洛瓦底江（中国境内部分叫大金沙江、丽水、独龙江，发源于伯舒拉岭，向西南流入安达曼海）。伊洛瓦底江流过缅甸境内的密支那、猛拱，是世界闻名的黄金、翡翠、琥珀产地。"育沛"是常可在河岸、海岸发现的"琥珀"或者"玳瑁"。《汉书》《后汉书》记载西域、西南的国家曾向汉朝皇帝进献琥珀。"琥珀"这个名字是对其波斯语名称"kahrpba"的音译。

东汉末年，杨孚在《异物志》中提及琥珀是松胶化成的。炫目的琥珀，是松柏科、豆科植物的树脂凝结以后埋在地下上千万年形成的化石样物质，可以作为装饰品，也是一种药物。陶弘景所著的《名医别录》称琥珀能"安五脏，定魂魄，消瘀血，通五淋"。琥珀也是当时权贵珍视的装饰品，如萧子显在《乌栖曲》中写到一位贵妇人想念情人，

石松　手绘图谱　费迪南德·鲍尔（Ferdinand Bauer）　1890 年

她佩戴着龙形琥珀饰品：

> 幄中清酒马脑钟，裙边杂佩琥珀龙。
>
> 虚持寄君心不惜，共指三星今何夕。

唐宋史书多次提到波斯国进献琥珀，《唐书》记述云南、缅甸等地的南诏、三濮、环王均产琥珀，可见那时候西南、东南亚的琥珀已经传入中原地区。从那时候开始，缅甸的琥珀就主要向中国出口，到缅甸传教的阿尔瓦雷茨神父在 1643 年提到，缅甸琥珀出口到中国用于治疗鼻炎和咽喉炎，也做成珠子卖给人们佩戴。开始人们不知道琥珀是植物的树脂形成的，以为是水底的独特生物长出的，如《中国印度见闻录》说"琥珀生长在海底，状似植物，当大海狂吼，怒涛汹涌，琥珀便从海底抛到岛上，状如蘑菇，又似松露。"

相比埋藏了千万年出土的琥珀，古人对于可以直观看见、容易收集的"松脂"就熟悉多了。松树被中药学典籍《神农本草经》视为"仙人之食物""久服可轻身延年"，所以历来把松子、松叶、松脂都归入药物，尤其是把松脂称为松

带琥珀塞子的玉米穗形鼻烟壶
景德镇黄釉瓷器　高 7.6 厘米
清朝 18—19 世纪后期　纽约
大都会博物馆

树的精华，以为吃了可以"辟谷延龄"，许多道士乐于服用它，如唐代诗人皮日休曾在《怀华阳润卿博士》中描写一民间修道之士常炼制松脂：

> 先生一向事虚皇，天市坛西与世忘。
>
> 环堵养龟看气诀，刀圭饵犬试仙方。
>
> 静探石脑衣裾润，闲炼松脂院落香。
>
> 闻道微贤须有诏，不知何日到良常。

从现代科学的角度看，松树分泌出的树脂主要由树脂酸和萜烃组成，此外还含有少量杂质和水分。刚流出时是无色透明的油状液体，暴露在空气中后，随萜烃化合物的逐渐挥发而变稠，最后成为白色或黄色的固态物质。这种松脂经过炮制后，在常温下变成形状不规则、大小不等的半透明块状物，表面是黄色，常有一层黄白色的霜粉，在中医著作中也被称为松香、松膏、松胶、松液、松肪，是一种应用比较广泛的药物。

松脂还被大量用在化学工业和乐器保养方面，也可以用于制成香皂，也有人把松脂涂抹在二胡、提琴等乐器的弓毛上，用来增大摩擦、减少打滑。中国、俄罗斯、美国、葡萄牙、墨西哥和印度等都有商业化的松脂产业。

龙脑香

皇帝御用的香料

"龙脑香"，从龙的大脑中取出的香料？

这种夸张的说法也许是波斯商人的编撰，目的是掩盖它真正的来源。其实，龙脑香是苏门答腊岛、婆罗洲和马来半岛出产的龙脑树树根流出的树脂，加工后呈白色冰片状，现称天然冰片、龙脑冰片等。

现代植物学家分类的龙脑香科冰片属植物包含 7 种，其中龙脑树（*Dryobalanops aromatica*）高可达四五十米，树干直径 3 米长，树形呈圆锥状，有椭圆状叶、白色花，其叶、花、果都有香气。在古代只生长于自赤道至北纬 5 度的婆罗洲北部、马来半岛、苏门答腊，后来传入东南亚各地，近代以来，海南、云南西双版纳有引种栽培。龙脑树的树皮破裂后会流出油脂状的树脂，有些老树流出的纯度较高的树脂还能凝固成淡黄色、白色半透明的晶体"龙脑香"，体积小的为小颗粒，体积大的多为薄片状，也就是所谓"天然冰片"，至今这仍然是制作传统药物和香水的原料。

东南亚地区在 2000 多年前就使用龙脑香这种香料，一些部落的习俗是以龙脑香混合沉香、麝香等在沐浴后涂在全身，也有人喜欢将龙脑香、龙涎香作为槟榔的夹料捣碎，放在嘴中一起咀嚼，这种现在看来极不健康的方式在古代却是只有少数人才能享受的"高级时尚"。也有的地方使用龙脑香等香料给死人抹身，然后放在柴火上焚烧火化。龙脑香科的多种植物都可以出产树脂类的香料，遇热就能蒸熏出清冽的香味。所以经常用来混合别的香料，做成固体状的合香，或以单品的香粉撒在炙热的炭灰上蒸熏出香味。

龙脑香在汉代已经传入中国。《史记·货殖列传》记载，当时华南的商贸中心番禺（今广州）有商人交易珠玑、犀、玳瑁、果布等商品，其中"果布"为马来语、梵语对龙脑香的称呼"Kapur"的音译。南北朝时，著名道士、医药学家

陶弘景明确指出它是类似白松脂的
芳香树脂。

隋唐以后，东南亚、南亚地区
小国君主和商人常向中原地区进献
龙脑香，波斯商人也出售龙脑香，
因此一些人误以为龙脑香是波斯所
产。唐僧玄奘在印度留学的时候也
很关注这种香料的消息，他听说南
边临海的"秣罗矩咤"临海的山崖
有种"羯布罗香树"，显然也是对
"Kapur"的音译，"松身异叶，花
果斯别。初采既湿，尚未有香。木
干之后，循理而析，其中有香，状
若云母，色如冰雪，此所谓龙脑香
也。"[①] 他说的应该是龙脑香树。而
现代植物学家命名的羯布罗香树
（*Dipterocarpus turbinatus*）并不产
天然冰片，只出产树脂油，也是种
香料和药物。

龙脑香树　手绘图谱　索尔比（H.Sowerby）
1852 年

唐代皇帝出行，宦官会先铺好以龙脑香、郁金香（番红花）熏过的地毯之类
的织物让皇帝站立，即所谓"青锦地衣红绣毯，尽铺龙脑郁金香"，后来节俭的
唐宣宗觉得太过奢靡，下令取消了这种安排。

《酉阳杂俎》记载，唐玄宗曾把交趾进贡来的 10 枚产自千年老树上的"瑞龙
脑香"赏赐给给杨贵妃随身佩戴，十余步外就能闻到她身上散发的香味。一次唐
玄宗和兄弟一边下棋，一边欣赏乐手贺怀智弹琵琶，杨贵妃抱着一条康国进贡的
宠物犬旁观棋局，她看唐玄宗快输棋了，故意坐在棋盘边，松开小狗让它走上去

---

① 季羡林，等.大唐西域记校注 [M].北京：中华书局，2000：859.

捣乱了棋子，唐玄宗不由得哈哈大笑。此时来了一阵风把杨贵妃的"领巾"吹到了贺怀智头戴的幞头上，良久才落在地下，贺怀智回家后发现幞头上香味久久不散，就珍藏在锦囊中。后来"安史之乱"爆发，杨贵妃在马嵬坡被迫自杀，被逼退位的唐玄宗孤老宫廷，贺怀智把自己保存的幞头献给他，闻到这股熟悉的香味，唐玄宗不禁流泪，说这味道就是我当年赏赐给贵妃的瑞龙脑啊！大概是读了这则故事，晚唐诗人黄滔曾写诗感叹杨贵妃"被迫自杀"的遭遇：

> 龙脑移香凤辇留，可能千古永悠悠。
> 夜台若使香魂在，应作烟花出陇头。

《酉阳杂俎》把龙脑树的出产分为"婆律膏香"和"龙脑香"，"龙脑香树，出婆利国，婆利呼为箇不婆律。亦出波斯国。树高八九丈，大可六七围，叶圆而背白，无花实。其树有肥有瘦，瘦者有婆律膏香，一曰瘦者出龙脑香，肥者出婆律膏也。香在木心，中断其树，劈取之，膏于树端流出，斫树作坎而承之"[1]。"箇不婆律"乃是对马来语"Kapur Baros"的音译，Barus 是苏门答腊岛西海岸以较易龙脑香著称的古代港口，今天此地名字正好是"婆罗洲"。

《唐大和上东征传》记载天宝二年（743 年），鉴真和尚在第一次东渡日本前曾购买供佛、治病用的"麝香廿脐、沉香、甲香、甘松香、龙脑香、胆唐香、安息香、檀香、零陵香、青木香、薰陆香都有八百余斤；又有毕河黎勒、胡椒、阿魏、石蜜、蔗糖等五百馀斤，蜂蜜十斛，甘蔗八十束"。如此大手笔，也不知道是哪位富人施舍银钱的。可惜沿途风急浪高，加上其他僧人的告发阻挠，他多次东行都半路折回，还一度被官府监视看管，直到 10 年后，眼睛已盲的鉴真第六次东渡，才登上日本岛的土地，据说"细辛、芍药、附子、远志、黄芪、甘草、苦参、苍术、芫花、肉桂、川芎、玄参、当归"等 36 种药草就是鉴真带到日本并教会当地人怎么配制药方的。

当时龙脑香的价格比其他香料高出不少，1 两龙脑香差不多值 12.5 贯钱，而

---

① 许逸 . 酉阳杂俎校笺 [M]. 北京：中华书局，2015：1326-1327.

麝香 1 斤值 7 贯钱，沉香 1 斤值 4 贯钱，乳香 1 斤才值 1 贯钱。唐皇室大量消费龙脑香，广州市舶使在广州为购买禁中所需之龙脑香要支付比市场价高 1 倍的价钱。白居易、刘禹锡这样的文人官员也常常"炉添龙脑炷，绶结虎头花"（刘禹锡《同乐天和微之深春二十首（同用家花车斜四韵）·其六》）。同一时期的诗人王建给到华南公干的朋友写的送别诗《送郑权尚书南海》中描述了他听闻的华南风情：

> 七郡双旌贵，人皆不忆回。
>
> 戍头龙脑铺，关口象牙堆。
>
> 敕设熏炉出，蛮辞咒节开。
>
> 市喧山贼破，金贱海船来。
>
> 白氎家家织，红蕉处处栽。
>
> 已将身报国，莫起望乡台。

宋代龙脑进口量也很大，皇帝喝的福建北部的贡茶"龙凤团"茶饼中也掺加了龙脑等香料，《宋会要》（职官四四提举市舶司）中有对各种品级、价位的龙脑产品的详细记录，如熟脑、梅花脑、米脑、白苍脑、油脑、赤苍脑、脑泥、麤速脑、木札脑等。当时还出现了用龙脑香调味的做法，比如陶谷《清异录》记载皇宫中有一种暑热天气吃的"清风饭"就是用水晶饭、龙睛粉、龙脑末、牛酪浆调配后放在金提缸中，再垂入冰池等变得冷透后才吃，类似现在的冰冻酸奶一类的东西。赵汝适的《诸番志》记载中国商人前往婆罗洲贸易时喜欢带着各种精美货物和美酒佳肴，甚至会带着手艺高超的厨师专门做大餐献给国王，国王则根据船上的货物价值回赠等值的龙脑和棉布。

最好的龙脑香是从树干中直接流出凝结的，不需提炼加工，而"熟脑"则是把龙脑香树的树枝、木屑或"婆律膏"加热蒸馏后出现的凝结晶体。其他一些樟科植物、菊科艾纳香属植物也可提取近似晶体，宋代《证类本草》中记载，"今海南龙脑，多用火煏成片，其中亦容杂伪"。可见当时已经有人从华南的樟科植物香樟树（Cinnamomum camphora）中提取晶体冒充龙脑香。它们的味道有相似之处，清代人说："粤人以樟脑乱之。樟脑本樟树脂。色白如雪。故谓之脑。其出韶州者曰韶脑。樟脑以人力。龙脑以天生者也。"当地人一般是在秋冬季节砍伐老树，把树根、树干、树枝锯或者劈成碎片后放在蒸馏器中进行蒸馏，让樟脑及挥发油随水蒸气馏出，冷却后，即得粗制樟脑。

东南亚的樟脑在 2000 多年前就已传入印度，被当作解毒的药物，印度的古代故事集《故事海》中提及远方有个"樟脑国"。对印度佛教徒来说，樟脑是礼佛的上等供品，也是"浴佛"的主要香料之一，还被列入密宗的"五香"（沉香、檀香、丁香、郁金香、龙脑香）之一。

公元前 1 世纪的埃及木乃伊中也出现了樟脑。5 世纪的罗马医书中曾出现樟脑的记载，当时还是作为按摩油的配料，似乎是极为少见和珍贵的香药。中东，9 世纪末的波斯旅行家伊本·胡尔达兹比赫已经从商人那里得知，樟脑产自苏门答腊的龙脑树上，当地人先在树顶部割开口子获取树脂，然后依次往下，等到最下面树干上的树脂流光了，整个树也会干枯致死。据说苏门答腊的国王去世后，人们会用樟脑保存尸身，这以后越传越玄，变成了 11 世纪流传甚广的"樟脑岛"的故事：说岛上的部落割下人头后，喜欢在里面塞满樟脑等香料，挂在房间中供奉，等有大事需要决策的时候，人们会到它面前举行祭祀仪式以获得某种预兆。①

---

① 安德鲁·达尔比. 危险的味道：香料的历史 [M]. 李蔚虹，赵凤军，姜竹清，译. 天津：百花文艺出版社，2004：90-91.

苏合香与安息香

分分合合的故事

苏合香曾是古代欧亚大陆流行的一种香料，可是在不同时期、地区，人们说的"苏合香"可能并非同一种物质。

历史上最早记录"苏合香"（Styraxt）的是古希腊人，古希腊历史学家希罗多德、博物学家泰奥弗拉斯托斯等都曾提到苏合香树和香膏，这应该是用土耳其西南部和希腊罗德岛地区的植物苏合香树（又称土耳其枫香树，*Liquidambar orientalis*）的树干渗出的带有甜味的红色树脂做成的，可能是由腓尼基商人运到地中海北岸出售的，罗马统治了地中海地区以后，他们也就接手了这项贸易。古罗马把它作为香料，可以熏香，加入酒中调味，也能作为染发的芳香配料。

很可能是因为上述苏合香在欧洲受到欢迎，所以中世纪的时候阿拉伯商人开始把东南亚原产的杜鹃花目安息香科安息香属几种植物的树脂冒充"苏合香"卖到欧洲。安息香属有 100 多种植物，广泛分布在北半球的温带和热带地区，东南亚人可能很早就发现当地的越南安息香（*Styrax tonkinensis*）、苏门答腊安息香（*Styrax benzoin*）、滇南安息香（*Styrax benzoides*）等的树脂有香味，并加以使用。因为希罗多德曾记述当时希腊有 5 种不同的苏合香，后人猜测或许东南亚的类似香料很早就被当作某种"苏合香"少量进口到希腊了。不过直到中世纪，波斯、阿拉伯商人才大力收购东南亚的安息香树植物的树脂，把它们当作苏合香或"黎凡特苏合香"出售到欧洲，实际上黎凡特并没有苏合香树。

现在的欧洲很少使用"苏合香"，偶尔能在法国看到一种"亚美尼亚熏香纸"，是在纸张中混入来自东南亚的安息香等小料，点燃以后有淡淡的味道。19 世纪末，亚美尼亚人开设的咖啡馆常会点燃熏香去除异味，法国商人见到以后就发明出熏香纸这种产品，用于消除房间异味、驱蚊驱虫和渲染气氛。

苏门答腊安息香树 手绘图谱 弗兰兹·尤金·科勒（Franz Eugen Kohler）1890 年

回头再看传入中国的苏合香的历史。苏合香最早见东汉班固的《与弟超书》，说当时有权贵托班超在西域帮忙买苏合香，可见这种东西已经为中原人所知所用。西晋司马彪的《续汉书》记载大秦（罗马）出产用多种香料熬煮而成的"苏合香"，可能是一种浓稠的香膏，这个名称可能是对梵语"sturuka"的汉译。郭义恭的《广志》记载对苏合香有两种说法，一种说法是单一香料制成，另一种说法是用多种香料合成的。《梁书》还记载当时大秦商人先把树脂榨出来制作上好的苏合香膏供本地权贵采买，再把剩下的渣滓制成香料卖给其他国家的商贾，所以"不大香"。似乎隋唐之前传入的苏合香有的是土耳其枫香树所制的单一油膏，也有的是混合多种香料的"合香"。南北朝时陶弘景记载有胡人说苏合香是狮子的排泄物，后来唐代人指出这是胡商乱编的谎言。

南朝刘宋时期的《从征记》中说，汉末三国时期占据荆州的刘表逝世后，他的儿子曾用苏合香等"四方珍香数十斛着棺中"，可能是以某种技术帮助尸体干燥防止腐烂，以致西晋末盗墓贼打开刘表墓后发现刘表的尸身还栩栩如生，"香闻数十里"[1]。司马彪《魏略》记载，新城太守孟达原是蜀将，投降魏国后又向诸葛亮赠送苏合香表达亲善之意，后来被司马懿斩杀。

历史学家推测，从东汉到魏晋南北朝早期，因为罗马控制了地中海东岸的小亚细亚行省，罗马商人也就成为销售苏荷香的主力，他们把苏合香卖到印度、东南亚等地，然后又通过西域、西南以及海上贸易路线三条路线进入中原地区，因

---

① 温翠芳.中古中国外来香药研究[M].北京：科学出版社，2016：35.

此这一时期中国人以为苏合香出自大秦。罗马帝国瓦解后，波斯、阿拉伯商人成为香料中转贸易的主力，因此南北朝、隋唐时文献多说苏合香来自大食的报达（Bagdag，即今巴格达）、麻离拔（Murbat）等地，这些地方多是香料贸易的中转站而不是原产地。

南北朝人把苏合香当作燃熏和制作合香的香料，也是驱虫、驱鬼的药物。当时仅有皇室、权贵富豪能用得起这种高级香料，如梁朝吴均《秦王卷衣》描述一件王侯所用苏合香熏过、有着金粉纹饰的华服：

> 咸阳春草芳，秦帝卷衣裳。
> 玉检茱萸匣，金泥苏合香。
> 初芳薰复帐，余辉耀玉床。
> 当须晏朝罢，持此赠华阳。

当时还出现了富家儿佩戴制成丸药状的"苏合弹"的习俗，估计是为了驱邪避病的目的，如梁朝诗人费昶在《和萧洗马画屏风诗》中所云：

> 日静班姬门，风轻董贤馆。
> 卷耳缘阶出，反舌登墙唤。
> 蚕女桂枝钩，游童苏合弹。
> 拂袖当留客，相逢莫相难。

唐代以来从西域陆路、华南海路进口的苏合香数量大增，苏合香成了一般文人官员、道士、艺妓也能用得起的香料，被广泛用在熏衣、美容和医药中。北宋还曾流行用苏合香、茉莉等制作香料酒，沈括的《梦溪笔谈》中记载"王文正太尉气羸多病。真宗面赐药酒一注瓶，令空腹饮之，可以和气血、辟外邪，文正饮之，大觉安健……上曰'此苏合香酒也。每一斗酒，以苏合香丸一两同煮'"[1]。此后这

① 沈括. 梦溪笔谈 [M]. 金良，点校. 北京：中华书局，2015：93.

种宫廷做法传入民间，苏合香丸因此一度极为盛行。

尽管阿拉伯人、波斯人曾用东南亚安息香树的树脂冒充苏合香膏在欧洲出售，但是对中国来说，安息香自南北朝传入中原后就是一种独立的香料。从天竺到东晋传教的高僧佛图澄随身带着安息香烧香礼佛。南北朝人编撰的传奇小说《海内十洲记》中说月氏王曾向汉武帝献了四两"大如雀卵，黑如桑葚"的香丸，有人怀疑说的就是安息香[①]。

对于汉唐之间中国人记载的安息香到底指哪种树脂香料，现代学者还有争论。唐代《酉阳杂俎》明确说安息香树是一种波斯树木，很可能来自当时波斯控制下土耳其西南部的苏合香树（土耳其枫香树），也有学者认为汉唐人说的安息香可能是从印度西北部所产的印度香胶树（又名印度没药树，Commiphora mukul）中提取的黄色或朱褐色的苦辛味树脂，它在 3000 多年前就是当地人使用的香料、药物，后来还传入埃及等地。不管具体出自哪里，是哪种香料，它之所以得名"安息香"，或许是因为当时中亚安国等地的粟特商人大量贩运香料到中原出售，于是人们就以中转地的名称命名了它。

中唐以后陆上的"丝绸之路"交通常常中断，从海路来的"南香"逐渐取代了从西域来的"西香"的主流地位，"安息香"的所指也发生了重大改变。印度尼西亚和越南的热带安息香树的树脂"小安息香"开始通过"海上丝绸之路"输入中国，如波斯人后裔李珣在《海药本草》中记录了"南海"出产的安息香，此后它广泛应用于中医和佛教法事，逐渐融入了中国人的日常生活，成了宋人、明人常识中的"安息香"，人们已经不记得曾从印度或波斯传入的那种安息香了。

明代李时珍的《本草纲目》详细记载了东南亚的安息香树脂采收情况，当时人们在夏、秋两季割开安息香树的树干收集流出的树脂，阴干就成为球形颗粒压结成的团块，外面红棕色至灰棕色，加热即软化，并散发出芳香。中医认为安息香与麝香、苏合香均有开窍作用，均可治疗猝然昏厥，牙关紧闭等症状。僧人、文士也常常点燃安息香寻求心灵的安闲，正如明代诗人所言："浮云目断心如水，习静时燃安息香。"

---

① 温翠芳.唐代外来香药研究 [M].重庆：重庆出版社，2007：200.

主要参考文献

［1］ 劳费尔.中国伊朗编 [M].林筠音，译.北京：商务印书馆，1964.

［2］ 谢弗.唐代的外来文明 [M].吴玉贵，译.北京：中国社会科学出版社，1995.

［3］ 安德鲁·达尔比.危险的味道：香料的历史 [M].李蔚虹，赵凤军，姜竹清，译.天津：百花文艺出版社，2004.

［4］ 杰克·特纳.香料传奇：一部由诱惑衍生的历史 [M].周子平，译.北京：生活·读书·新知三联书店，2007.

［5］ 温翠芳.唐代外来香药研究 [M].重庆：重庆出版社，2007.

［6］ 温翠芳.中古中国外来香药研究 [M].北京：科学出版社，2016.

［7］ 尤金·N.安德森.中国食物 [M].马孆，刘东，译.刘东，校.南京：江苏人民出版社，2003.

［8］ 中国农业科学院.中国果树栽培学 [M].北京：中国农业出版社，1987.

［9］ 张平真.中国蔬菜名称考释 [M].北京：北京燕山出版社，2006.

［10］汤姆·斯坦迪奇.舌尖上的历史：食物、世界大事件与人类文明的发展 [M].杨雅婷，译.北京：中信出版社，2014.

［11］夏纬瑛.植物名释札记 [M].北京：中国农业出版社，1990.

［12］菲利浦·希提.阿拉伯通史：第 10 版 [M].马坚，译.北京：新世界出版社，2015.

［13］托比·马斯格雷夫，威尔·马斯格雷夫，克里斯·加德纳.植物猎人 [M].杨春丽，袁瑀，译.北京：希望出版社，2005.

［14］陈文华.农业考古 [M].北京：文物出版社，2002.

［15］姜伯勤.敦煌吐鲁番文书与丝绸之路 [M].北京：文物出版社，1994.

［16］宋岘.古代波斯医学与中国 [M].北京：经济日报出版社，2001.

[17] 罗桂环 . 中国栽培植物源流考 [M]. 广州：广东人民出版社，2018.

[18] 竺可桢 . 中国近五千年来气候变迁的初步研究 [J]. 中国科学，1973（2）：
15-38.

[19] 田晓岫 . 枸酱小考 [J]. 中央民族大学学报，1995（5）：60-63.

[20] 祁振声 . "茱萸"的"同名异物"与"同物异名"[J]. 河北林果研究，2014
（3）：324-332.

[21] 蓝勇 . 中国辛辣文化与辣椒革命 [N]. 南方周末，2002-01-24.

[22] 王兰 . 食茱萸——早期川菜三香之一 [J]. 四川旅游学院学报，2006（1）：
18-19.

[23] 张红梅，赵志礼，王长虹，等 . 吴茱萸的本草考证 [J]. 中药材，2011，34
（2）：3.

[24] 蒋慕东，王思明 . 辣椒在中国的传播及其影响 [J]. 中国农史，2005，24（2）：
17–27.

[25] 陈学军，陈劲枫，耿红，等 . 辣椒属 5 个栽培种部分种质亲缘关系的 RAPD
分析 [J]. 园艺学报，2006，33（4）：751-756.

[26] 孟金贵，张卿哲，王硕，等 . 涮辣与辣椒属 5 个栽培种亲缘关系的研究 [J].
园艺学报，2012，39（8）：1589-1595.

[27] 张平真 . 关于芥蓝起源的研究 [J]. 中国蔬菜，2009（14）：62-65.

[28] 刘显军，袁谋志，官春云，等 . 芥菜型油菜黄籽性状的遗传、基因定位和起
源探讨 [J]. 作物学报，2009（5）：839-847.

[29] 徐爱遐，马朝芝，肖恩时，等 . 中国西部芥菜型油菜遗传多样性研究 [J]. 作
物学报，2008，34（5）：754-763.

[30] 王海平 . 中国大蒜遗传多样性评价及大蒜辣素含量与蒜氨酸酶基因的关联分
析 [D]. 中国农业科学院，2011.

[31] 刘伟龙 . 中国桂花文化研究 [D]. 南京林业大学，2004.

[32] 汪荣斌，王存琴，秦亚东，等 . 罗勒的本草考证 [J]. 中药材，2015，38（5）：
1081-1084.

[33] 何金鹭，陈家骅 . 小茴香，莳萝与马芹的本草考证 [J]. 中药材，1992，15

（11）：3.

［34］吴友根，郭巧生，郑焕强 . 广藿香本草及引种历史考证的研究 [J]. 中国中药杂志，2007（20）：2114-2117+2181.

［35］沈观冕 . 馕香原植物的研究 [J]. 干旱区研究，1997（4）：20-22.

［36］穆文明 . 贵州野生山葵考察初报 [J]. 贵州农业科学，2000，28（1）：10-11.

［37］李秀，徐坤，巩彪 . 生姜种质遗传多样性和亲缘关系的 SRAP 分析 [J]. 中国农业科学，2014，47（4）：718-726.

［38］路长久 . 被放入国旗的香料——肉豆蔻 [J]. 中国科技横，2002（5）：83-85.

［39］杨化坤 . 一花一世界——中国古代诗词中的豆蔻意象 [J]. 海南师范大学学报：社会科学版，2014，27（1）：74-80.

［40］范常喜 . 战国楚祭祷简"蒿之"、"百之"补议 [J]. 中国历史文物 . 2006（5）：67-71.

［41］苏宁 . 兰花历史与文化研究 [D]. 北京：中国林业科学研究院，2014.

［42］陈心启，吉占和 . 中国兰花全书 [M]. 北京：中国林业出版社，2003.

［43］叶卫玲 . 广藿香与藿香的鉴别 [J]. 海峡药学，2011，23（11）：43-45.

［44］杨帆，曾丽，叶康，等 .17 份蔷薇属植物的亲缘关系的形态学和 ISSR 分析 [J]. 植物研究，2011（2）：193-198.

［45］王其献，朱满洲，庞国兴，等 . 陈皮炮制的历史沿革研究 [J]. 中药材，1998（3）：127-129.

［46］李冬梅、吕建兴、岳建强 . 世界和中国柠檬及酸橙产销形势分析 [J]. 世界农业，2015（2）：106-116.

［47］张镜清 . 芦荟 [J]. 生物学通报，1999，34（11）：44-45.

［48］王华 . 夏威夷檀香木贸易的兴衰及其影响 [J]. 世界历史，2015（1）：104-118.

［49］郭卫东 . 檀香木：清代中期以前国际贸易的重要货品 [J]. 清史研究，2015（1）：39-51.

［50］罗萍，罗文扬，蔡聪，等 . 檀香研究生产现状及栽培应用 [J]. 中国种业，2008（S1）：134-137.

[51] 武姣姣，石晋丽，刘勇，等 . 甘松的本草考证 [J]. 中药材，2011，34（9）：1459-1461.

[52] ALFRED W C. Ecologial Imperialism: The Biological Expansion of Europe, 900-1900[M]. London: Cambridge University Press, 1986.

[53] JULIA S B. A History of Flower Arrangement[M]. Southampton: The Saint Austin Press, 1978.

[54] FISHER J.The Origin of Garden Plants[M]. London: Constable& Company, 1983.

[55] HULTON P and SMITH L. Flowers in Art from East and West[M]. London:British Museum Publications, 1979.

[56] FERNANDEZ-ARMESTO F. Food: A History[M]. London: Pan Macmillan, 2001.

[57] HEISER C B. Seed to Civilization: The Story of Man's Food[M]. San Francisco:Freeman and Company,1973.

[58] PONTING C A. Green History of the World: The Environment and the Collapse of Great Civilizations[M]. New York: Penguin Books Ltd.,1991.

[59] BAUMANN H.The Greek Plant World: in Myth, Art and Literature[M]. Portland: Timber Press,1993.